海洋规划与管理的生态系统方法

The Ecosystem Approach to Marine Planning and Management *1ˢᵗ Edition*

Sue Kidd，Andy Plater，Chris Frid　编著

徐　胜　等译

周秋麟　校译

U0232224

海洋出版社

2013 年·北京

图书在版编目(CIP)数据

海洋规划与管理的生态系统方法/(英)基德(Kidd,S.),(英)普莱特(Plater,A.),(英)弗里德(Frid,C.)编著;徐胜等译. —北京:海洋出版社,2013.12

书名原文:The ecosystem approach to marine planning and management

ISBN 978 - 7 -5027 -8766 - 0

Ⅰ.①海… Ⅱ.①基… ②普… ③弗… ④徐… Ⅲ.①海洋 - 生态系统 - 研究 Ⅳ.①Q178.53

中国版本图书馆 CIP 数据核字(2013)第 304920 号

图字:01 - 2012 - 6976 号

原版信息:The Ecosystem Approach to Marine Planning and Management 1st Edition / by Sue Kidd, Andy Plater, Chris Frid / ISBN:978 - 1849711838

责任编辑:王 溪
责任印制:赵麟苏

海洋出版社 出版发行

http://www.oceanpress.com.cn

北京市海淀区大慧寺路 8 号 邮编:100081

北京华正印刷有限公司印刷 新华书店北京发行所经销

2013 年 12 月第 1 版 2013 年 12 月第 1 次印刷

开本:787mm×1092mm 1/16 印张:12.25

字数:279 千字 定价:60.00 元

发行部:62132549 邮购部:68038093 总编室:62114335

海洋版图书印、装错误可随时退换

目　录

图、表、专栏目录

专栏

作者列表

罗达·巴林杰（Rhoda Ballinger），英国卡迪夫大学地球与海洋科学学院助理教授

亚当·巴克尔（Adam Barker），英国曼彻斯特大学环境与发展学院空间规划（环境与景观）助理教授

汤姆·巴克尔（Tom Barker），英国利物浦大学环境科学学院湖沼学家和淡水生态学家

吉姆·克莱顿（Jim Claydon），城乡规划顾问，曾任皇家城乡规划研究所所长

罗伯特·杜克（Robert Duck），英国邓迪大学社会与环境科学学院环境地球科学首席教授

杰兰特·埃利斯（Geraint Ellis），英国贝尔法斯特女王大学规划、建筑与土木工程学院（SPACE）和空间和环境规划研究所副教授

克里斯·弗里德（Chris Frid），英国利物浦大学环境科学学院海洋生物学首席教授

吉莉安·格莱格（Gillian Glegg），英国普利茅斯大学海洋科学与工程学院海洋管理学教授

斯图尔·汉森（Sture Hansson），瑞典斯德哥尔摩大学系统生态学系水生生态学首席教授

苏·基德（Sue Kidd），英国利物浦大学环境科学学院副教授和特许城乡规划师

马诺斯·卡特拉克斯（Manos Koutrakis），卡瓦拉希腊水产研究所（国家农业研究基金会）高级研究员（生物学 – 鱼类学家）

柯斯蒂·林登鲍姆（Kirsty Lindenbaum），英国威尔士乡村委员会（CCW）海洋规划专员

格雷格·劳埃德（Greg Lloyd），英国阿尔斯特大学建筑环境学院院长

克里斯·卢姆（Chris Lum），英国坎布里亚郡肯德尔市自然英格兰组织西北区域的海洋领域业务经理

埃德·莫尔特比（Ed Maltby），英国利物浦大学环境科学学院湿地和水科学首席教授

斯蒂芬·曼吉（Stephen Mangi），英国普利茅斯海洋研究所环境经济学家

伊凡娜·马拉萨维克（Ivona Marasovic），克罗地亚斯普利特海洋与渔业研究所所长

夏洛特·马歇尔（Charlotte Marshall），英国普利茅斯大学海洋科学与工程学院在读博士研究生

蒂姆·诺曼（Tim Norman），英国皇家资产管理局规划处高级经理

泰梅尔·奥古兹（Temel Oguz），土耳其梅尔辛省中东技术大学海洋科学研究院物理海洋学教授

弗朗西斯·佩克特 Frances Peckett，英国普利茅斯大学海洋科学与工程学院在读博士研究生

安迪·普莱特（Andy Plater），英国利物浦大学环境科学学院自然地理学首席教授

西安·里斯（Sian Rees），英国普利茅斯大学海洋科学与工程学院在读博士研究生

杰克·赖斯（Jake Rice），加拿大渔业和海洋部（DFO）生态科学国家高级顾问

莱斯利·里卡兹（Lesley Rickards），英国利物浦国家海洋学中心平均海平面常设处（PSMSL）主任

莱奥妮·罗宾逊（Leonie Robinson），英国利物浦大学环境科学学院海洋生物学助理教授

林达·罗德维尔（Lynda Rodwell），英国普利茅斯大学海洋科学与工程学院生态经济学助理教授

斯图尔特·罗杰斯（Stuart Rogers），英国洛斯托夫特环境、渔业和水产养殖科学中心（CEFAS）环境和生态系统研究室主任

昂斯·史密斯 Hance Smith，英国卡迪夫大学地球与海洋科学学院教授

蒂姆·斯托亚诺维奇（Tim Stojanovic），英国圣安德鲁斯大学可持续发展研究所和苏格兰海洋研究所地理和地球科学学院可持续发展系讲师

大卫·都铎（David Tudor），英国皇家资产管理局海洋政策经理人

内多·弗尔戈什（Nedo Vrgoč），克罗地亚斯普利特海洋与渔业研究所高级研究员

奈杰尔·沃森（Nigel Watson），英国兰喀斯特大学兰喀斯特环境中心资源和环境管理学助理教授

首字母缩略词列表

BGS British Geological Survey　英国地质调查局

BODC British Oceanographic Data Centre　英国海洋学数据中心

CalCOFI California Cooperative Oceanic Fisheries Investigations　加利福尼亚海洋渔业合作调查

CAP Common Agricultural Policy　共同农业政策

CBA Cost Benefit Analysis　成本效益分析

CBD Convention on Biological Diversity　生物多样性公约

CCAMLR Convention on the Conservation of Antarctic Marine Living Resources　南极海洋生
物资源养护公约

CEC Commission of the European Communities　欧洲经济共同体委员会

CEFAS Centre for Environment, Fisheries and Aquaculture Services（UK）　英国环境、渔
业及水生物研究中心

CEM Commission on Ecosystem Management　生态系统管理委员会

CFP Common Fisheries Policy　共同渔业政策

COP Conference of the Parties　生物多样性公约缔约方会议

CPR continuous plankton recorder　浮游生物连续记录器

DASSH Data Archive for Seabed Species and Habitats　海底物种和生境的数据存档

DFO Department of Fisheries and Oceans（Canada）　加拿大渔业与海洋部

DG Directorate – General　欧盟总司

DMS dimethyl sulphide　二甲基硫

DSS Decision Support System　决策支持系统

DST decision support tool　决策支持工具

EA ecosystem approach　生态系统方法

EBSA ecologically and biologically significant area　生态学和生物学重要海域

EBSS ecologically and biologically significant species　生态学和生物学重要物种

EC European Commission　欧洲委员会

EEC European Economic Community　欧洲经济共同体

EEZ Exclusive Economic Zone　专属经济区

EOAR Ecosystem Overview and Assessment Report　生态系统概况和评估报告

ERAEF Ecological Risk Analysis for Effects of Fishing　渔业影响的生态风险分析

ERDF European Regional Development Fund　欧洲区域发展基金

ERSEM European Regional Seas Ecosystem Model　欧洲区域海洋生态系统模型

ESRC Economic and Social Research Council　经济与社会研究委员会

EU European Union　欧盟

EwE Ecopath with Ecosim EwE　软件

FAO Food and Agriculture Organization（UN）　联合国粮食和农业组织

FPZ Fisheries Protection Zone　渔业保护区

GDP Gross Domestic Product　国内生产总值

GES Good Ecological Status　良好的生态状况

GFCM General Fisheries Commission for the Mediterranean　地中海渔业总委员会

GIS geographic information system　地理信息系统

HCR Harvest Control Rule　捕捞控制规则

HELCOM Helsinki Commission　赫尔辛基公约委员会

ICCAT International Commission for the Conservation of Atlantic Tunas　大西洋金枪鱼保护
　　国际委员

ICES International Council for the Exploration of the Sea　国际海洋考察理事会

ICSU International Council for Science　国际科学理事会

ICZM Integrated Coastal Zone Management　海岸带综合管理

IGO intergovernmental organization　政府间组织

IOC Intergovernmental Oceanographic Commission　政府间海洋学委员会

IPC Infrastructure Planning Commission　基础设施规划委员会

ITQ individual transferable quota　个人可转让配额

ITR Individual Transferable Right　个人可转让权利

IUCN International Union for Conservation of Nature　国际自然保护联盟

IUU illegal, unreported and unregulated　非法、无管制和未报告

JNCC Joint Nature Conservation Committee（UK）　英国联合自然保护委员会

LME Large Marine Ecosystem　大海洋生态系

LOMA Large Ocean Management Area　大海洋管理区

MaRS Marine Resource System　海洋资源系统

MCA multicriteria analysis　多基准分析

MCZ Marine Conservation Zone　海洋保育区

MEA Millennium Ecosystem Assessment　千年生态系统评估

MEDIN Marine Environmental Data and Information Network　海洋环境数据和信息网络

MERMAN Marine Environment Monitoring and Assessment National 国家海洋环境监测和评估

MHM marine habitat mapping 海洋生境制图

MMO Marine Management Organization 海洋管理组织

MP management procedure 管理程序

MPA Marine Protected Area 海洋保护区

MPS marine policy statement 海洋政策宣言

MSE management strategy evaluation 管理战略评估

MSFD Marine Strategy Framework Directive 海洋战略框架指令

MSP marine spatial planning 海洋空间规划

MSY maximum sustainable yield 最大持续产量

NERC Natural Environment Research Council (UK) 英国自然环境研究委员会

NPS national policy statement 国家政策宣言

NSIP nationally significant infrastructure project 国家重大基础设施项目

OM operating model 运作模式

PCB polychlorinated biphenyl 多氯联苯

RNLI Royal National Lifeboat Institution 皇家救生艇学会

ROPME Regional Organization for the Protection of the Marine Environment 海洋环境保护区域组织

SA Sustainability Appraisal 可持续性评价

SBSTTA Subsidiary Body on Science, Technology and Technical Advice 生物多样性公约科学、技术和技术咨询附属机构

SDM species distribution model 物种分布模型

SME small to medium enterprise 中小企业

SSB spawning – stock biomass 产卵群体生物量

TAC Total Allowable Catch 总容许渔获量

TL trophic level 营养级

UKHO UK Hydrographic Office 英国水文局

UKOOA UK Off shore Operators Association 英国海上作业经营者协会

UN United Nations 联合国

UNCLOS United Nations Convention on the Law of the Sea 联合国海洋法公约

UNEP United Nations Environment Programme 联合国环境规划署

UNESCO United Nations Educational, Scientific and Cultural Organization 联合国教科文组织

VMS vessel monitoring system 船舶监测系统

译者序

海洋占地球表面的 2/3，为人类生存发展提供了重要的产品和服务。然而，随着人类开发利用活动的强度和规模逐渐增加，海洋生态系统的脆弱性、敏感性也日益凸显。在这样的背景下，有关国家和地区开展了海洋空间规划和陆海一体化综合管理工作。这些管理行动对改进海洋规划方法和完善海洋管理模式提出了新的要求。

《海洋规划与管理的生态系统方法》一书从自然科学和社会科学的综合视角，以欧洲海洋规划与管理的研究进展和实践经验为基础，阐述了生态系统方法的内涵以及在海洋规划与管理领域推广这一新方法面临的关键问题和今后的研究方向。该书对从事海洋规划和管理的科技工作者和管理人员具有广泛的适用性，是一本重要的科研和管理参考书，我们希望这本书能对我国海洋规划和综合管理工作提供可借鉴的方法。

本书由徐胜主持翻译，周秋麟审校。翻译人员有：徐胜、李双建、刘佳、赵鹏、杨潇、孙瑞杰、羊志洪、王江涛、魏婷。

由于时间和水平有限，疏漏和不足之处在所难免，望得到专家、学者及广大读者的批评指教。

译 者
2013 年 7 月于天津

前　言

海洋占地球表面积的 2/3，是人类最为珍贵的自然资源。海洋为人类福祉提供了各种必需品和服务，这些必需品和服务也是地球上所有生命不可或缺的。早在史前时代，人类就在海洋采捕食物、航运通行和处置废物、发展海洋文化、满足精神需求；进入现代社会，海岸带地区已经成为开展旅游和休闲活动的天然宝地。人类日益依赖于海洋提供的交通、化石燃料、可再生能源等发展经济。除了这些显而易见的好处，现代科学还揭示了许多不易察觉但更为重要的事实，例如海洋在气候变化和碳捕获中的关键作用等。随着对人类和海洋之间复杂关系的认识逐步深入，我们越来越意识到人类活动对海洋生态系统动力学影响的复杂性。在许多海域，不可持续的直接和间接的人类活动压力的性质和强度以及由此导致的海洋健康明显恶化日益受到关注。我们依赖的资源和作为地球生命支持系统的海洋正面临着风险和挑战。

在这个背景下，提高海洋环境的规划和管理水平，尤其是提高海洋生态系统的规划和管理水平的需求呼之欲出。为此，联合国教科文组织（UNESCO）正在广泛推动海洋空间规划；欧盟（EU）也在制定新的综合海洋政策，以期在保护海洋资源基础的同时促进涉海经济增长；英国在 2009 年通过了《海洋和海岸带准入法》，其中借鉴了城乡规划的经验，并第一次建立起海洋规划综合体系。类似的行动也在世界其他国家开展和实施。这些进展的共同特征是认识到需要对海洋进行更为综合和全面的规划和管理，其中必须进一步认识和理解海洋系统的自然和人文要素，从中找出一条可持续发展的道路。

全面的视角是自然资源规划和管理中采取生态系统方法（EA）的核心，并在过去几年中在陆地和海洋领域逐渐推广。本书汇集了自然和社会学者、海洋规划和管理工作者的专业知识，旨在提高对生态系统方法应用于海洋领域的理解与实践能力。2007—2009 年，经济与社会研究委员会（Economic and Social Research Council）和自然环境研究委员会（Natural Environment Research Council）资助多家英国研究机构召开了跨学科研讨会。本书编辑了这一系列研讨会的主要成果，在更大范围内推广研讨会的丰富成果，以期：

- 揭示生态系统方法的应用内涵，为进一步规划和管理海洋环境提供综合的方法；
- 阐明自然科学和社会科学认知之间的有效联系及其在海洋规划和管理实践中的推广应用；
- 为本领域开展新的跨学科项目提供平台。

本书面向不同专业背景，愿意将自然资源管理的生态系统方法应用于海洋环境的本科生和研究生、研究人员和技术人员。本书努力在前人优秀著作的基础上，对本领域起到填平补齐的作用。例如，斯塔基等人（Starkey et al.，2007）出版的《海洋动物资源管理史》（Oceans Past – Management Insights From the History of Marine Animal Population)》从崭新的历史角度阐释了人类与海洋生态系统的相互关系，特别是在渔业生产中的相互作用，不仅为跨入本领域门槛者提供了指点迷津的入门读物，而且向本领域的"老手们"强调提高人类涉海活动管理的重要性。麦克劳德和莱斯利（McLeod and Leslie，2009）编写的《基于生态系统的海洋管理（Ecosystem – based Management for the Oceans）》以其独特的视角考察了北美洲和中美洲的相关经验，本书可以与之一起到相得益彰的作用。阿格弟（Agardy，2010）出版的《区划海洋：提高海洋管理成效（Ocean Zoning：Making Marine Management More Effective)》① 详细回顾了海洋规划和管理的核心方法——区划的理论和国际实践。读者还会发现，波茨和史密斯（Potts and Smith，2005）编写的《英国海洋和海岸带资源管理（Managing Britain's Marine and Coastal Resources)》阐述了具有悠久海洋传统的国家——英国如何更加有效地应对陆地和海洋之间各种领域的相互影响。

本书从两个角度丰富了生态系统方法的研究。一是跨学科的宏观视角，在这方面，相关各章反映了不同学科、不同背景，其中包括生态系统方法实践者的共同努力由此形成的对生态系统方法的宏观认识乃是推广生态系统方法的关键。我们希望本书能鼓励读者跨越学科界限，融入新的概念要素，开展更全面的分析、深刻揭示内涵、建立更有活力的方法，推动生态系统方法的发展。二是站在全欧洲角度研究生态系统方法。虽然本书研究的主题涉及整个世界，总结了全球关于生态系统方法的认识，但大多数作者来自欧洲（当然也包括其他地区的作者），书中的许多研究和实践经验也来自欧洲，因此，本书反映了欧洲视角。

第 1 章解释了生态系统方法的起源、定义和原则以及联合国系统的相关操作指南；综述了非海洋和海洋区域已经实施生态系统方法的经验教训；从不同学科视角讨论了在未来海洋规划和管理中推广生态系统方法的关键问题。这些问题包括生态系统方法的人文视角、应对关键信息缺乏的挑战、建立海洋规划和管理的知识和问题与宏观议程的关联性，例如与其他规划以及关于人类发展轨迹等重大讨论的关联性。这些问题绝对不是海洋生态系统中应用生态系统方法所特有的，但肯定是由于各种原因而在海洋领域更为严重的问题。

第 2 章和第 3 章说明了为什么有效的海洋规划和管理必须引入人文因素。第 2 章比较了陆地规划和海洋规划的共性，即都要在广泛的社会、经济和环境目标下控制人类对自

———————————

① 本书中文版已由海洋出版社出版。

然资源的利用和影响，并举例说明了陆地规划实践对探讨海洋规划目标和过程的启迪。

第 3 章综述了 21 世纪初欧盟海洋政策的发展，以事实说明陆地规划和海洋规划之间存在紧密联系，其中强调把增加就业和保持经济增长等政治优先任务与海洋资源可持续利用相结合所面临的困难，并通过介绍《共同渔业政策》（CFP）和相关的海岸带和海洋环境管理指令等说明欧盟国家如何应对这些问题。本章也探讨了上述进展的欧盟结构和机制变化的背景，一方面是欧盟成员国的增加和对成员国的权利下放，另一方面是欧盟通过的《马斯特里赫特条约》、《尼斯条约》和《里斯本条约》等。

第 4 章和第 5 章重点讨论了海洋规划和管理面临的关键信息挑战。第 4 章涉及生态系统产品和服务的概念。生态系统产品和服务的概念已经成为在海洋领域推广生态系统方法和认识生态系统方法的价值的关键因素。第 4 章还探讨了英国海洋生态系统产品的规模和价值；海洋生态系统过程在提供重大产品和服务中发挥的作用；这些过程承受的主要压力以及在规划和管理方面可以采取的应对压力的措施。第 5 章介绍了不同国家的案例研究成果，全面综述了数据收集与处理和模型建立的方法，借助这些方法手段形成的基础科学证据，可以为实施生态系统方法最为关键的适应性规划和管理提供支持。第 5 章强调指出利用可以获得的证据、评估方法和推动知识共享的现有体系所面临的挑战。

第 6 章归纳了上述章节的内容，全面总结了系列研讨会涉及的推广生态系统方法的自然、社会、政策和管理观点，最后，以更为有效地在海洋规划和管理中推广生态系统方法的未来研究重点结束全书。

在进入正文前，我们要感谢为本书出版做出贡献的人们。首先我们要感谢经济社会研究委员会（ESRC）和国家环境研究委员会（NERC），其支持的系列跨学科研讨会是本书的基础。这为对开发海洋规划和管理新方法的不同领域的专家学者会集到一起提供了重要机会，本书从中受益颇丰。我们还要感谢利物浦大学、国家海洋中心、贝尔法斯特女王大学、卡迪夫大学、邓迪大学、普利茅斯大学主办了这些研讨会，感谢所有人，特别是爱玛·沃尔什（Emma Walsh）推动研讨会召开并顺利举办下来。许多人从不同侧面对本书的顺利出版做出了贡献，这从长长的作者名单中可见一斑。我们非常感谢人们愿意对本书做出贡献，对初稿提出建议，这帮助我们能够真正实现跨学科研究。利物浦大学环境科学学院的桑德拉·马瑟（Sandra Mather）和苏珊·伊（Suzanne Yee）为本书绘制了精美的图件。感谢 Earthscan 出版社责任编辑蒂姆·哈德威克（Tim Hardwick）一直以来对本书撰写提供的帮助和指导以及对交稿日期的宽限。

苏·基德（Sue Kidd）、安迪·普莱特（Andy Plater）

和克里斯·弗里德（Chris Frid）

2010 年 7 月于利物浦

参考文献

Agardy, T. (2010) *Ocean Zoning*：*Making Marine Management More Eff ective*, Earthscan, London and Washington, DC

McLeod, J and Leslie, H. (2009) *Ecosystem – based Management for the Oceans*, Island, Washington, DC

Potts, J. and Smith, H. (eds) (2005) *Managing Britain' s Marine and Coastal Resources*, Routledge, Abingdon

Starkey, J. , Holm, P. and Barnard, M. (eds) (2007) *Oceans Past*, Earthscan, London and Washington, DC

第1章 生态系统方法和海洋环境规划与管理

苏·基德（Sue Kidd），埃德·莫尔特比（Ed Maltby），莱奥妮·罗宾逊（Leonie Robinson），亚当·巴克尔（Adam Barker），克里斯·卢姆（Chris Lumb）

本章旨在：
- 解释生态系统方法（ecosystem approach，EA）的起源、定义、原则以及联合国（United Nations，UN）相关操作指南；
- 综述在非海洋和海洋区域实施生态系统方法的现有经验教训；
- 围绕在海洋规划与管理中应用生态系统方法需要进一步关注的关键问题开展跨学科讨论，为后续章节做铺垫。

1.0 前言

自然环境资源的规划和管理范式正在发生变化，自然环境和资源衍生自生态系统各组分的功能作用，其规划和管理模式的变化存在重要的前提，其中包括：
- 经济可持续发展和人类生活质量提高绝对依赖于生态系统健康的维持；
- 人类是生态系统的有机组成部分，绝对不可以与生态系统相分离；
- 部门或行业规划和管理普遍不足以应对现实世界中错综复杂的相关关系和各类利益相关者关注的诸多事项。

为反映上述前提条件，国际社会，尤其是 1992 年的《联合国生物多样性公约》（Convention on Biological Diversity，CBD）已经采纳了生态系统方法，以此作为更加全面地整体规划和管理的方法论体系，而且其他国际公约和政策文件也采纳了生态系统方法，其中包括 2002 年的《世界可持续发展峰会实施计划》（2002 Plan of Implementation of the World Summit on Sustainable Development）。

因此，生态系统方法目前已成为编制新的海洋规划和管理计划规定的核心概念。在海洋环境国际法律框架领域，1982 生效的《南极海洋生物资源保护公约》（the Convention on the Conservation of Antarctic Marine Living Resources）为生态系统方法的发展起到了开创性的作用（Constable et al.，2000）。从1982年开始，许多海洋公约，例如，1992年《波罗的海海洋环境保护公约》（Convention on Protection of the Marine Environment of the Baltic Sea Area）（Backer and Leppanen，2008）、1992年《东北大西洋海洋环境保护公约》（Convention on the Protection of the Marine Environment in the North East Atlantic）以及《地中海沿海地区海洋环境保护公约》的1995年修正案，都突出了生态系统方法。而且，生态系统方法也日益成为大量涉海政策文件提倡的组织性概念。例如，2006年联合国会员大会通过的关于"海洋和海洋法"的61/222号决议，把现有国际法律，特别是《联合国海洋法公约》（UN Convention on the Law of the Sea，UNCLOS）与生态系统方法相连接。该决议还批准2002年可持续发展实施计划世界峰会关于为了到2015年迫切恢复渔业资源、到2012年建立具有代表性的海洋保护区网络、到2010年达到显著降低生物多样性丧失速度而实施生态系统方法的呼吁（Maes，2008）。这个指导性原则已经成为推动全球海洋规划和管理活动达到前所未有水平的关键因素，而且，许多相关政策文件也把生态系统方法置于突出地位。例如，欧盟委员会（European Commission）将生态系统方法确认为指导制定一项新的欧盟综合海洋政策的关键原则（CEC，2007）。同样，美国2009年12月公布的《有效的海岸带和海洋空间规划临时框架》强调海洋规划和管理活动应当全面反映对生态系统方法的认识（Interagency Ocean Policy Task Force，2009）。英国政府在2009年宣布把生态系统方法作为高层次的海洋目标，并作为编制第一份英国海洋政策声明的坐标（Defra，2009）。加拿大、哥伦比亚、挪威、葡萄牙以及其他国家在各自公布的海洋政策文件中都对生态系统方法做出了类似的承诺（Intergovernmental Oceanographic Commission，2007）。

尽管取得了这些发展，但对于生态系统方法的确切内涵、如何将其应用于海洋规划和管理实践等问题，仍然存在较大争议。这种争议在2006年召开的重点讨论生态系统方法及其实际应用的海洋与海洋法不限成员名额非正式协商进程的第七次会议上表现得特别明显。这一会议得出下述重要结论：消除生态系统方法概念的神秘性，提高对概念内涵的认识；鼓励在海洋规划和管理实践中应用生态系统方法；通过经验教训的共享和学习，提高对生态系统方法的认识和实际应用（International Institute for Sustainable Development，2006）。本书结合文献综述、作者自身研究和实践经验以及英国在2007—2009年间由各研究理事会资助举办的一系列研讨会上所进行的跨学科探讨，响应了上述议题。本章解释了生态系统方法的起源、定义和原则以及联合国的相关操作指南；综述了现有在非海洋和海洋区域实施生态系统方法的经验教训；提出关键问题的跨学科讨论和在海洋规划与管理的过程中应用生态系统方法需要特别注意的这些关键，为后续各章节做好铺垫。

1.1　生态系统方法的起源

目前，在环境规划和管理中对于生态系统方法的关注，不仅反映出当代对于必须解决的环境进程和环境挑战的认识，而且也认识到应对这些问题的现有制度框架和实践所存在的缺陷。例如，自 1935 年坦斯利（Alfred George Tansley）创造出 "生态系统" 这个词以来（引自 Wang，2004），生态系统就成为生态和环境管理研究所关注的焦点问题。不过，随着对生态系统功能的深入认识，人们也提高了对人类与环境之间存在密切相互作用的认识。这种进展在 1972 年以来多次召开的联合国地球峰会上得到反映，在全球范围内提高了对下列问题的关注：人口的快速增长、经济活动的不断增强以及生活水平的提高，对自然资源的需求达到空前水平，导致世界许多区域的环境以及社会和经济压力明显加重。在地球峰会上，人类压力对海洋环境的影响引起了特别关注（UNEP，2002）。随着对环境、社会和经济高度关联性认识的不断增强，现有环境管理制度和措施的缺陷越发明显。在分离的行政管理结构中，政策和业务职责分属不同的组织和部门，部门目标不同，且又相互竞争，各自依据部门利益做出狭隘的决策，国家、区域和地方层面的行动之间相互脱节，自然和行政边界互不关联，这些都是全球各国行政，有时是海洋领域行政的典型特征。这种现状导致环境问题的不断恶化，实施可持续管理的努力受到阻碍。正是在这样的背景下，生态系统方法成为应对环境问题的主流范式。生态系统方法的起源可以追溯至 20 世纪初，追溯到一批具有远见卓识的生态学家的科研成果，其中戈蒂斯（Patrick Geddes）等倡导把生态知识作为制定良好区域规划的基础（Allen，1976；Kidd，2007），利奥波德（Aldo Leopold）率先考虑在陆地管理中采取基于系统的方法（Bengston et al.，2001）。然而，正如班斯顿（Bengston）等人所指出的，一直到了 20 世纪 60 年代末和 70 年代初，生态系统管理方法才开始在美国和其他地区得到广泛应用，到了 20 世纪 90 年代，生态系统管理思想方法才在环境政策决策者和管理层中获得支持。即使在这个阶段，生态系统方法的核心特征仍然没有获得明确界定，摩尔（More，1996）等学者认为，鉴于科学认知、专业技能和社会价值的快速变化，生态系统方法这个概念太复杂，难以固化，而且只有一个单独的定义或模型也并不恰当。在这一阶段，生态系统管理转而普遍探讨在不同组合和不同情境中相互关联的特征，其中包括环境、社会和经济领域的生态系统管理特征（见专栏 1.1）。

专栏 1.1　生态系统管理的特征

- 维持生态系统健康（例如，维持和保护生态系统完整性和生态系统功能，修复受损生态系统）。
- 保护和修复生物多样性（保护本土基因、物种、种群和生态系统）。
- 确保可持续性（例如，引入长时间跨度，考虑后代人的需求，包括生态和经济两者的可持续性）。
- 系统的观点（例如，在多种尺度上采取广泛而全面的管理方法，并考虑不同尺度之间的联系；跨越行政、政治和其他边界开展协调，正确地确定生态系统的管理尺度和内容）。
- 人文维度（例如，在生态限制范围内纳入社会价值并适应人类的利用，将人类作为自然系统的一部分）。
- 适应性管理，将管理作为一个持续调整的过程。
- 协作，在此特征中，规划和管理乃是包含了与关键利益相关者分享权力的联合决策过程。

资料来源：根据本斯顿等（Bengston et al., 2001, p473）的文献进行整理。

　　莱蒙特（Lamont）于 2006 对生态系统管理方法与传统管理实践的相异性，开展了有益的分析，其中再次强调了人类维度的重要性（见表 1.1）。

表 1.1　传统方法和生态系统管理方法的特征

特征	传统方法	生态系统方法	生态系统方法的益处
管理结构	孤立的	平行的/包容的	更为全面（解决各类问题）
管理目标	关注单一问题	关注生态系统	降低累积效应和"南辕北辙"的几率
总体目标	经济/环境权衡	维持生态完整性	更多注重科学决策
管理范围	宪法界定的范围	生态学界定的范围	降低不同管辖范围的重叠
管理方法	统一标准	因地制宜	目标与特定的系统相关
公众参与	有限的协商	广泛的协作	决策对当地利益相关者更加透明，更易获得长久支持
决策过程	线性的，组织管理严密	综合性的（组织管理严密且自下而上）且是循环的	更好地整合了不断趋于一致的各类价值观
重复性	有限的	适应性管理	汲取经验的机会不断增加

资料来源：莱蒙特（Lamont, 2006, p9）。

　　然而，随着 1992 年在里约热内卢召开的联合国地球峰会批准了《生物多样性公约》，为生态系统方法及其主要特点形成一个更为正式的定义的压力不断增加。通过一系列国际专家会议和《生物多样性公约》缔约国会议（Conference of the Parties，COP）的联合决议，这一压力得到了一定的缓解。上述专家构成了《生物多样性公约》的科学、技术及技术咨询附属机构（Subsidiary Body on Science，Technology and Technical Advice，SBSTTA）。这些行动已逐渐构成了生态系统方法的细节，近年来更是极力主张将其在全国和地区层面加以实施。这一进程的关键阶段请参见表 1.2 的说明。

表 1.2　《生物多样性公约》框架下生态系统方法发展的关键阶段

科学、技术及技术咨询附属机构 1（巴黎，1995 年）	《建议 I/3》：采用整体方法对生物多样进行保护和可持续利用，生态系统方法应当成为所采取行动的基本框架
缔约方大会 2（雅加达，1995 年）	《决议 II/8》：重申生态系统方法应当成为行动的基本框架
科学、技术及技术咨询附属机构 2（蒙特利尔，1996 年）	《建议 II/1》：主张发展生态系统方法指导方针和指标，识别某些优先事项
缔约方大会 3（布宜诺斯艾利斯，1996 年）	《决议 III/10》：通过上述建议 II/I，概括了在专题区域和指标方面的工作
缔约方大会 4（布拉迪斯拉发，1998 年）	《决议 IV/1B》：要求科学、技术及技术咨询附属机构制定生态系统方法的原则及其他指南
缔约方大会 5（奈洛比，2000 年）	《决议 V/6》：通过了关于生态系统方法及其操作指南的说明，推荐实际应用相关生态系统方法原则和其他指南
缔约方大会 6（海牙，2002 年）	《决议 VI/12》：极力主张在全国层面和区域层面实施生态系统方法
缔约方大会 7（吉隆坡，2004 年）	《决议 VII/11》：一致认为这一时期的优先事项在于为生态系统方法的实施提供方便，并希望有更多的指导方针能够形成如此影响
缔约方大会 9（波恩，2008 年）	《决议 IX/7》：极力主张各方加强和促进生态系统方法在更大范围获得更有效的实施，进一步促进合作、经验交流与能力建设

资料来源：《生物多样性公约》秘书处（2010 年 a）。

1.2　生态系统方法的定义

形成一个国际公认的生态系统方法的定义已经成为该项工作的一个重要方面。由《生物多样性公约》缔约方大会做出的 2000 V/6 号决议所提出的定义经常受到援引，且在国际法中具有相当高的法律地位。该生态系统方法定义如下。

综合管理土地、水域和生物资源，公平促进其保护与可持续利用的战略。
（《生物多样性公约》缔约方大会，2000 年 V/6 号决议）

遵循生态系统方法的综合管理应当是基于：

关注生物组织等级的适当的科学方法的实际应用，这种管理围绕有机物及其环境中的基本结构、过程、功能及相互作用……承认具有多样性的人类是许多生态系统必不可少的组成部分。（《生物多样性公约》缔约方大会，

2000 年第 V/6 号决议）。

缔约方大会设想，生态系统方法能够起到一个框架的作用，来平衡和整合《生物多样性公约》中的以下 3 个目标。

- 保护生物多样性；
- 可持续利用生物资源；
- 公平公正地分配由基因资源利用产生的惠益。

生态系统方法从整体的角度认识到应对自然环境保护和环境问题的必要性，这一角度将经济和社会因素之间的紧密相互作用结合起来。图 1.1 说明了这一设想。

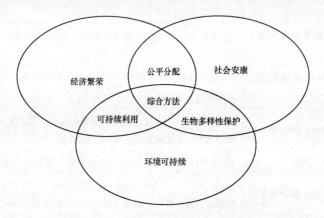

图 1.1 生态系统方法的概念构成

来源：莫尔特比和克罗夫茨（Maltby and Crofts, 2006）

1.3 生态系统方法的原则

以广义的《生物多样性公约》概念为基础，界定了 12 个互补和关联的生态系统方法的原则（详见专栏 1.2），这些原则强调了这一概念的复杂性。根据 1998 年在利隆圭（Lilongwe）召开的国际专家研讨会，制定了一套原则草案（即众所周知的"马拉维原则"the Malawi principles），这一草案吸收了关于生态系统管理的西布索普（Sibthorp）研讨会的成果。《生物多样性公约》的科学、技术及技术咨询附属机构在其 2000 年蒙特利尔会议上对这些原则进行了修改，这些原则与相关的指南一起最终被 2000 年 5 月召开的第五届《生物多样性公约》缔约方大会所采纳（《第 V/6 号决议》）。

由专栏 1.2 可知，这 12 个原则的次序可以随意排列，自然保护国际联盟（International Union for Conservation of Nature's, IUCN）生态系统管理委员会（Commission on Ecosystem Management，CEM）为使这些原则简单易理解，曾试图将其大体上按时间顺序划分为 5 个步骤（参见表 1.3）。这一深化有利于吸引对关键领域的思考和行动。

专栏 1.2　《生物多样性公约》：生态系统方法的原则

1. 确定土地、水及其他生命资源管理目标是一种社会选择

2. 应将管理下放到最低的适当层级

3. 生态系统管理应考虑其活动对邻近的和其他生态系统的（实际的或潜在的）影响

4. 考虑到管理带来的潜在收益，通常需要从经济学角度来理解和管理生态系统。任何此类生态系统管理计划应当：

   - 降低对生物多样性具有不利影响的市场扭曲；
   - 公开支持促进生物多样性保护和可持续利用；
   - 在特定的生态系统中将成本和收益内部化到合理的范围

5. 为了维持生态系统服务，保护生态系统结构和功能应当成为生态系统方法的一个优先管理目标

6. 生态系统的管理必须以其自然功能为界限

7. 应在适当的时空范围内实行生态系统方法

8. 认识生态系统进程的特点是时限的变化性和效应的滞后性，应从长远制定生态系统管理的目标

9. 管理必须认识到变化的必然性

10. 生态系统方法应当在生物多样性的保护和利用之间适当平衡与统一

11. 生态系统方法应该考虑各种形式的有关信息，包括科学知识、原住民和当地人的知识、创新和习惯

12. 生态系统方法应该要求所有相关的社会部门和科学部门的参与

来源：《生物多样性公约》缔约方大会（2000 年，第 V/6 号决议）。

表 1.3　根据自然保护国际联盟生态系统管理委员会将生态系统方法 12 原则划分为 5 步骤

步骤A.　关键利益相关者和地区		
利益相关者	原则 1	土地、水及其他生命资源管理目标是一种社会选择
	原则 12	生态系统方法应当要求所有相关的社会部门和科学部门的参与
地区分析	原则 7	应在适当的时空范围内实行生态系统方法
	原则 11	生态系统方法应该考虑各种形式的有关信息
	原则 12	生态系统方法应该要求所有相关的社会部门和科学部门的参与
步骤B.　生态系统结构、功能与管理		
生态系统结构和功能	原则 5	为了维持生态系统服务，保护生态系统结构和功能应当成为生态系统方法的一个优先管理目标
	原则 6	生态系统管理必须以其自然功能为界限
	原则 10	生态系统方法应当在生物多样性的保护和利用之间适当平衡和统一

生态系统管理	原则2	管理应当下放到最低且适当的层级
步骤C. 经济问题		
原则4		通常具有在经济背景下理解和管理生态系统的必要性，并： 1）降低对生物多样性具有不利影响的市场扭曲 2）公开支持促进生物多样性保护和可持续利用 3）在特定的生态系统中将成本和收益内部化到合理的范围
步骤D. 空间的适应性管理		
原则3		生态系统管理应考虑其活动对邻近的和其他生态系统的影响
原则7		应当在适当的空间范围内采取生态系统方法
步骤E. 时间的适应性管理		
原则7		应在适当的时间范围内实行生态系统方法
原则8		认识生态系统进程的特点是时限的变化性和效应的滞后性，应从长远制定生态系统管理的目标。
原则9		管理必须认识到变化的必然性

来源：谢拨德（Shepherd，2008）。

1.4 生态系统方法操作指南

除12条生态系统方法的原则之外，缔约方大会还提出了5项操作指南。具体如下。

（1）关注生态系统内的功能性关系和过程

许多因素决定了生态系统的健康及其抗击应力的能力。要提高关于生态系统功能和结构的认识，必须认识到：①生态系统弹性和生物多样性丧失（物种和遗传水平）和生境破碎的影响；②生物多样性丧失的潜在原因；③在管理决策中存在的地方性生物多样性的决定因素。不过，实际情况必须在缺乏完整知识的情况下实施生态系统管理，而且相关各方必须通过对话才能深思熟虑地确定未来发展的正确道路。

（2）提高惠益共享

生态系统为人类环境安全和可持续发展提供了基础，生态系统方法力图确保生态系统正常功能产生的效益能得以维持或修复，不过这一重大任务也提出了科学挑战，此外，我们还面临着需解决的重大社会挑战。公众对于环境—人类相互作用的认识有限以及生态系统产品和服务普遍没有纳入市场经济范畴，即没有严格意义上的市场价值，这些事实妨碍了对生态系统的有效规划和管理。因此，关注生态系统方法的核心是提高关于人类—环境相互作用和惠益的认识，同时降低环境退化或者取消导致环境退化的激励措施。

（3）采取适应性管理

鉴于生态系统过程的复杂性和多变性、环境—人类相互作用的持续性以及科学认识的不完整性，鼓励以实验、监测和调整为主要特征的灵活的适应性管理或"边做边学"的态度显得尤为重要。

（4）针对拟解决的问题，在最低且适当的层次开展管理活动

生态系统在不同尺度上起到功能作用，到底在哪个尺度起作用则取决于管理体系和行动，因此管理体系和行动应当反映这一现实。有效的管理采取的适合的管理措施必须在地方层面实施。不过，重要的问题是地方层面的行动要获得国际、国家和区域层面相关的政策和法律制度的支持，同时，地方层面的行动也应当包括所有利益相关者的实践。

（5）确保跨部门合作

鉴于生态系统功能的复杂性，生态系统的规划和管理需要建立伙伴关系，因此，需要鼓励在各领域的公共政策开展跨部门合作，不仅在自然保护、农业、林业和渔业诸领域，而且在诸如土地利用规划和经济发展等公共政策领域均开展跨部门合作。同时，也需要促进在政府部门、机构以及私人、志愿部门之间的跨机构合作。

1.5   在非海洋环境中应用生态系统方法的经验

上文已简要描述了生态系统方法的发展历程，并概述了这一概念的关键特征，现在需要关注的是这些理念是如何使转化为实践并从迄今为止的经验中汲取教训。2004年至2007年间《生物多样性公约》的科学、技术及技术咨询附属机构对生态系统方法的实际应用开展了一项深入调查，并于2008年向第九届缔约方大会进行了报告，调查结果给出了一个初步的综述（SBSTTA，2007）。综述说明，虽然有证据表明许多国家已采纳了生态系统方法各种原则，但只有非常少数几个国家具有直接应用大部分原则的实践经验。同样的，综述还指出，确定生态系统方法相关活动可能更偏爱的那些特定生物群落是相当困难的，不过根据生物多样性公约秘书处在2010年公布的关于《〈生物多样性公约〉生态系统方法资料集》（Secretariat of the CBD，2010b），可以确定岛屿、山区和极地地区等生物群落基本没有开展个例研究。这些结果是该报告最鲜明的结论之一，即全球尚未充分地、也没有系统地应用生态系统方法来降低全球生物多样性丧失的速度。

从第一个在非海洋环境中应用生态系统方法的经验例子中可以看出，迄今为止，明显应用这一方法的领域都与水资源管理有关。例如，与《拉姆萨尔公约》相关的国际政策文件就鼓励应用生态系统方法（The Swiss Agency for the Environment, Forests and Landscape et al., 2002），澳大利亚（Hillman et al., 2003）、美国（Hartig et al.,

1998；Klug，2002）、亚洲、非洲和南美（Smith and Maltby，2003）等国家和地区的活动反映了这种趋势。森林地区也是关注的重点，例如，在印度尼西亚的巴布亚岛和刚果北部（Shepherd，2008）就应用了生态系统方法。已经证实，生态系统方法在许多国家得到了更为广泛的应用，例如美国（Bengston et al.，2001）和英国（Laffoley et al.，2004），特别是美国渔业和野生动物服务局（US Fish and Wildlife Service）应用了生态系统方法（Danter et al.，2000）。

　　深入研究这些经验可以发现，即使在应用生态系统方法具有长期经验的美国，生态系统方法的真正内涵仍然并不普及。不过，公众对于应用生态系统方法的雄心壮志普遍持支持态度，而且，专业人士显然也逐渐给予了支持。因此，关注的重点很快就会从对于"生态系统方法对规划和管理具有什么重要意义以及为什么必须实行生态系统方法"的讨论转向对于"如何把生态系统付诸实践"的讨论（Bengston et al.，2001）。有趣的是，由于日益认识到在把生态系统方法转化为规划和管理活动中，除了科学理解外，要保证社会价值和公众参与获得充分的肯定，同一批作者强调了生态系统概念的动态性质。强调生态系统方法的应用，需要把生态系统方法原则规定的宏观规范框架纳入具体的环境、社会和经济背景，都是《生物多样性公约》的科学、技术及技术咨询附属机构在其实践综述报告的关键论点（SBSTTA，2007），从而不仅确定了生态系统方法的广泛应用性，而且强调把应用中学习作为目前的重点。

　　通过制度设计来支持生态系统方法具有重要意义，这也成为一个重要议题。例如，希尔曼等人（Hillman et al.，2003）在其论文中总结了澳大利亚拉克兰（Lachlan）流域的经验，强调了体制结构和过程在培育"社会资本"、在利益相关者之间建立信任、包容和相互尊重中的作用，也强调了这些特性对于实施生态系统方法取得成功的重要性。作者同时还认为，在决策中建立伙伴关系和达成一致所付出的时间和努力都能在利益相关者为所采取的规划建议和管理措施做出更为有力的承诺中得到回报。菲等人（Fee et al.，2009）利用加拿大和德国的经验，重申了这一认识的重要性，同时特别强调政治家在有效推行生态系统方法中的重要作用。他们指出，资源规划和管理决策可能会由于政治因素而搁浅，并认为综合采取自上而下和自下而上的制度设计是有效实施生态系统方法的关键。需要指出且有意思的是，《生物多样性公约》的科学、技术及技术咨询附属机构在其实践分析中（专栏1.3）确认了实施生态系统方法的一般障碍，其中几乎所有主要的障碍都和制度设计相关。

专栏 1.3　实施生态系统方法的一般障碍

- 参与规划和管理的利益相关者能力不足；
- 对生态系统方法要实现的目标的认识有限；
- 权力下放和综合管理的能力不足；
- 机构间缺乏合作且能力不足；
- 缺乏能够支持推行生态系统方法的专门组织机构；
- 错误的激励机制的严重影响；
- 相互冲突的政治重点，包括采取更全面的规划获得采纳时出现的政治冲突。

来源：SBSTTA（2007，第 27 段）。

　　适应性管理面临的挑战是又一个会反复出现的问题，这个问题不仅显著地表现在技术领域，而且也显著地表现在利益相关者管理方面。例如，哈提格等人（Hartig et al.，1998）强调指出，利益相关者参与和支持的基础在于管理活动有能力说明朝着明确的目标取得了重大进展。他们强调管理活动要目标明确、循序渐进，而且要确定短期和长期的里程碑式的成就。他们还建议，为了保证利益相关者的广泛参与，不仅要取得进步，而且还要记载和庆祝进步。不过，如果数据和认识有限，强调明确的阶段性目标和总体目标（从而保证利益相关者的参与）则成为挑战之一。承认不确定性（尤其是科学认识不完整引起的不确定性）和支持"边做边学"的管理方式是生态系统方法实际应用的关键，然而，这类管理为获取公众的支持而去寻求清晰明确的结果、成功的可预测性和措施，仍然存在一定的难度（Hartig et al.，1998；Hillman et al.，2003）。这些作者还指出，如果实施生态系统方法的机构经常从以强调控制转向强调应对，则生态系统方法所要求的适应性管理会成为机构面临的重大挑战。他们认为，适应性管理理念强调事物始终在变化。稳定、具有预言性同时又是可预测的机制过程会被偶发性所取代，而在这类情况下，适应性领导则成为成功的关键特征（Danter et al.，2000）。这些建议说明，生态系统方法的管理重点在于共同学习、提高一线员工的学习自觉性、把管理活动作为试验活动、允许实践、允许犯错误，关键在于把管理活动的评估、监测和研究作为基本要素。但丁等人（Danter et al.，2000）强调指出，管理者不断更新组织既花费时间，也耗费精力，这个问题在生态系统方法体制结构和管理协议的设计中必须得到充分的认识。最后，克卢格（Klug，2002）对传统的和现行的环境法律和政策之间的差距进行了一些有趣的评论，传统的环境法律和政策的基础在于生态系统的平衡，而现行的环境法律和政策的基础是关于生态系统不平衡，而且承认其中存在变化，这正是生态系统所隐含的内容，他认为这种新的观点有必要在法律改革中获得反映。

英国综述早期实施生态系统方法的经验，总结了成功实施生态系统的关键特征（参见专栏 1.4），其中反映了上述主题等。有趣的是，其中再次高度强调机制和过程的设计，而不是科学特征。

专栏 1.4　生态系统方法成功实施的特征

- 制定管理计划
- 利益相关者的充分参与
- 良好的公众意识
- 利益相关者与机构之间的良性合作
- 优质的信息共享
- 充足的人才资源
- 充足的资金
- 有效的科学信息
- 管理活动中的后续调整

来源：Turner，引自 Laffoley 等人著作（2004）。

1.6　在海洋环境中应用生态系统方法的经验

正如本章开头所提到的，并非只在陆地环境规划和管理中可以采用生态系统方法。事实上，热衷于在海洋环境中验证这一理念的试验早已存在。例如，截至 2004 年，亚洲、非洲、南美洲和欧洲共有 126 个国家实施了 16 个大海洋生态系（Large Marine Ecosystem，LME）管理项目，其中大多数项目在行动中采纳了生态系统方法理念（Wang，2004）。这些项目获得了全球环境基金、世界银行、联合国工业发展组织、政府间海洋学委员会、世界自然保护联盟以及其他组织机构的资金和技术支持。目前，140 多个国家参加了联合国环境规划署（United Nations Environment Programme，UNEP）的区域海洋学计划，这个计划建立了黑海、大加勒比海域、东亚海、东非海域、南亚海域、海洋环境保护区域性组织（Regional Organization for the Protection of the Marine Environment，ROPME）的相关海域、地中海、东北太平洋、西北太平洋、红海和亚丁湾、东南太平洋、太平洋和西非的区域机构（UNEP，2010）。

将生态系统方法应用于海洋环境规划与管理中出现了越来越多的经验，一些作者试图从中归纳出一些重要的经验教训。例如，早在 1999 年，尤达（Juda）就陈述了他所认为的将基于生态系统的管理原则应用于大海洋生态系管理时必须重点考虑的问题。

专栏 1.5 总结了尤达的分析结果。

专栏 1.5 大海洋生态系（LMEs）管理的必要功能

- 相关生态系统边界的确定；
- 评估生态系统的资源并深入认识其中的生态平衡；
- 评估大海洋生态系海域各种不同的人类利用情况和彼此之间以及与环境之间的相互作用；
- 在系统考量科学数据和社会经济问题的基础上，确定大海洋生态系资源和环境问题的总体目标、具体目标和管理重点；
- 对大海洋生态系具有影响的活动实施管控，保证人类活动符合管理要求和重点；
- 为大海洋生态系的各种利用的决策和行政管理建立合适的体制机制和管治安排；
- 对活动开展有效的监督、评估、监测和评价，保证管理工作和具体目标采取必要的变化。

来源：根据尤达（Juda，1999）资料整理。

尤达这一简单分析有助于确定"过程"要考量的关键领域，但对于解决内涵与整个过程中各"步骤"间问题的复杂性方面，其作用却相当有限。尤其是与前文所进行的探讨之间进行对比，人类/制度层面似乎有点轻描淡写。对于在海洋环境中实施生态系统方法所面临的挑战，2004 年英国《自然》杂志发表的一份报告提出了一种更为丰富也更有互补性的观点（Laffoley et al.，2004）。该报告确定了需要提高关联性的各个领域。图 1.2 说明了各领域间的相互关联性，表 1.4 则列出了每一标题下的优先行动。

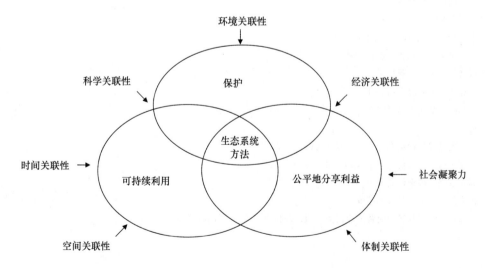

图 1.2 海洋和海岸带环境中的生态系统方法——相关领域

来源：拉弗莱等（Laffoley et al.，2004）。

表 1.4　在海洋和沿海环境的生态系统方法——关联性和优先行动的 7 个方面

环境关联性

对生物多样性采取具有充分代表性的方法

使用替代信息源

确定正在寻求的生态系统结果

避免破坏物种的遗传基因

实施严格的海域保护措施

经济关联性

确定经济目标

建立管理有效性评价指标

在评估环境影响中突出最佳实践

应对组合的和累积的影响

渔业捕捞不得超越生态系统极限

采取综合方法解决富营养化问题

社会关联性

利益相关者的参与和决策的透明度

规划的决策过程

所有利益相关者的有效参与

生物多样性惠益的认识和业主意识

空间关联性

欧洲海洋战略空间框架

实施空间规划框架

资源的空间控制和管理

资源的空间分布

提供通用基线和海洋测深数据集

时间关联性

在"锁定时间内"研究环境变化

研究过去的影响和"漂移的基线"

维持长期的政治目标

指标体系要有时间相关性

编制区域海洋管理时间表

科学关联性

科学问题要与社会和可持续发展问题保持一致

开展区域海洋尺度（sea‐scale）的科学研究

提高数据的检索便利率

扩大科学咨询和建议的范围

提高业主意识和扩大对咨询建议的采纳，提高现有科学的综合性

体制关联性

改革制度安排

提供高层次的支持和协调

地方层面的大力支持

来源：拉弗莱等（Laffoley et al., 2004）。

　　日益增多的文献除了深入探讨生态系统方法的概念及其与海洋环境规划和管理之间的关系外，有些文献也已经开始阐明生态系统方法在实施中面临的挑战。

　　例如，弗雷德等人（Frid et al.，2006）已经确定了开展基于生态系统的渔业管理所面临的各种障碍（专栏1.6），其中最明显的阻碍来自对海洋生态系统的复杂性和动态性的认识，包括人类在这一方面的表现。

专栏 1.6　基于生态系统方法的渔业管理面临的障碍

对渔业管理缺少必要的认识，包括：

- 水文状况与渔业资源动力学之间的关系；
- 生境分布的重要性；
- 海洋保护区（MPAs）的"设计原则"应如何体现出区域/系统的差异性，如何将生态因素考虑在内；
- 生态依存性/食物网动力学；
- 如何将不确定性整合到管理建议中；
- 目标生物和非目标生物的遗传特性；
- 渔民对管理决策的响应。

资料来源：弗里德等（Frid et al.，2006）。

　　弗雷德（Frid）等人的分析也反映在其他作者的结论中。例如，王翰灵（Wang，2004）在其关于大海洋生态系管理经验模式的评估中指出，许多领域关于海洋生态系统功能的科学认识依然相当有限，认为这是由于从生态系统方法到大海洋生态系都没有获得强有力的科学支撑。休伊特和洛（Hewitt and Low，2000）关于南极地区渔业管理的研究也指出存在严重的科学不确定性，原因在于要解决科学不确定性问题就要开展科学研究，而这样的科学研究成本高。鉴于存在难以克服的经费限制，他们担心科学上的不确定性可能成为反对采取管理措施（例如限制捕捞）的理由之一（例如捕捞限制），而短期经济利益可能会弱化科学认识在决策中的作用。关于生态系统方法的决策一致性方面，他们认为受"政治"/"经济"议题影响，管理决策可以走向"最小公分母"。总体而言，在生态系统方法中，他们更强调预警原则。

　　尽管存在科学认识的局限，但戴（Day，2008）在讨论澳大利亚大堡礁适应性规划与监测在管理中的作用时仍然描述了一个如何取得进展的更为令人鼓舞的景象。他列出了一些重要的经验教训，其中包括认识以下各种价值：从中等的监测方案入手、努力采用混合的监测方法并加以创新、确定最有能力且最适合实施监测的主体、尽可能鼓励利益相关者参与监督和审查过程。更重要的是，他强调等到获得完美的科学知识之后才开展规划和管理行动是不切实际的。

王翰灵（Wang，2004）和休恩（Hyun，2005）在其关于加利福尼亚湾管理经验的论文中，提出了在采用生态系统方法中存在的生态连接区和系统的问题以及由此带来的在海洋管理中采用生态系统方法的司法困难。海洋生态系统的"自然"边界会超越国家、省、地区和市的边界，也可能超越现有政治认可的海区和已确定的陆地/海洋司法管辖区。因此，大海洋生态系的有效管理不仅需要对海洋和陆上活动之间进行协调，还需要全球或区域的宏观海洋协调机制。正因如此，王翰灵认为，生态系统方法的拓展将导致公共机构的调整，如此一来则成本高、机构臃肿、政治分歧扩大，从而使生态系统方法难以有效实施。因此他建议，最佳的大海洋生态系统管理方法应当是地理、科学、政治因素相结合的综合方法，即他所描述的政治地理生态系统（Wang，2004）。在相关的问题上，王翰灵还指出，针对大海洋生态系管理的生态系统方法可能不仅难以解决现有的海洋管理问题，并且可能加大了这些问题的复杂性。在建立新的管理方法过程中，制度和规划迅速增加且相互重叠、相互作用、重复劳动，造成了浪费和效率低下。

尽管如此，也有一些较为乐观的观点。例如，在欧洲范围内，赫尔辛基委员会（HELCOM）波罗的海行动计划（Baltic Sea Action Plan）就是一个典型，导致很多人从中寻求灵感。巴克尔等人（Backer et al.，2009）在关于波罗的海实施生态系统方法的考虑中，讨论这一计划如何成为沿海国家政府和欧盟委员会之间的合约，借以承诺开展专项行动以达到既定的生态目标，即至 2021 年最终实现波罗的海的优质环境。人们认为，该计划已经为针对一系列污染问题的综合行动成功地建立了框架。消极评论认为，至今个别国家的减排目标仍然是临时的，而扩大欧盟在农业和渔业领域职责的这一计划在有效处理重要的农业和渔业事务方面能力也相当有限。尽管该计划显然并非实现波罗的海优质环境的最终解决方案，但作者认为，自 1974 年签署《赫尔辛基公约》（Helsinki Convention）以来，这是适应性管理过程中非常重要的一步。正如各种新公共政策的概念一样，通过有关定义、基本原则和政策影响等方面的辩论和争论，生态系统方法的定义不断演变。巴克尔等人建议，"无论这一争论的结果如何，考虑到'生态系统方法'或'优质环境状况'等词语的终极目标，这些新概念的积极方面在于其所带来的发展动力"（Backer et al.，2009，p649）。

1.7 在海洋规划和管理中应用生态系统方法的关键问题

上述讨论可知，生态系统方法是目前指导海洋规划和管理的主流新方法框架，也是在人类对海洋环境的压力迅速增长的背景中，保护健康和高生产力的海洋所必须的。但是显而易见，生态系统方法的应用面临着重大挑战。本章通过跨学科的讨论总结了一些在未来海洋规划和管理中应用生态系统方法应当关注的关键问题。这些问题归结到下列主题，并在以后章节开展更充分的讨论，这些主题是：

- 拓展人文观念。
- 解决关键信息的挑战。
- 建立与宏观议题的关联性。

1.8　拓展人文观念

1.8.1　强调生态系统方法的整体宏伟目标

可以说，实施生态系统方法面临的主要挑战之一就是术语本身。很明显，尽管《生物多样性公约》等机构努力澄清生态系统方法的地位，但现有文献（如可持续发展）对生态系统方法这一概念仍有许多不同的解释。定义松散和名称重复的术语普遍没有裨益。例如，生态系统方法（Ecosystem Approach）、生态系统管理（Ecosystem Management）、基于生态系统的管理（Ecosystem – based Management）等类似术语经常被认为可以与生态系统方法这一概念互换，可是在特定情境中，这些术语的含义可能较为狭窄、缺乏整体性。因此，并不奇怪，人们已逐渐认识到了生态系统方法核心优点在于，生态系统方法的规划和管理单元与自然系统范围具有更高的一致性，而且在制定相关规划和管理计划中采用严谨的生态系统动力学知识。虽然这一观点并不与生态系统方法矛盾，但它仅仅是局部的而且不能反映更为强烈的隐含在《生物多样性公约》释义中的以人为本的观念。

审视由《生物多样性公约》缔约方大会所发布的生态系统方法的定义、原则和操作指南后可以发现，人类不仅应视为是生态系统的有机组成部分，而且处于生态系统的中心位置，生态系统方法是设计管理结构和流程的框架，该框架鼓励提高对人类/环境关系的认识并以可持续的方式对其进行指导。在此情况下，在全面引起较为传统的科学界的重视并争取他们接受生态系统方法广义解释中出现一些困难也就不足为奇了。同样的，对于《生物多样性公约》基本不了解的非科学界的人士来说，生态系统方法与以环境保护为重点的规划和管理事务之间似乎没有什么区别，因此，它们之间看起来没有什么关联。"生态系统"肯定只能采纳坦斯利（Tansley[①] – type）的定义解释和途径。对于许多科学家来说，《生物多样性公约》所提出的广义解释要么是不合理的，要么是最难理解的，而对数量更为庞大的非科学界人士而言，这一解释非常隐晦。把这一术语加以修订，改称为"生态系统管理方法"（Ecosystem Approach to Manage-

---

[①]　生态系统概念最早由英国生态学家 A. G. Tansley（1871—1955）在 1935 年提出——译注。

ment），也许有所裨益，但是由于担心进一步造成混乱而受到阻止。因此，在涉海利益相关者群体之间就生态系统方法的整体本质进行沟通和教育可能是问题的关键。

1.8.2 规划和管理行动的重点是人类活动

根据这一点，很明显，在生态系统方法中强调人的因素非常重要，因为这不仅仅是这一概念的重要特征，也是最不被理解或接受的特征。深入观察就会发现，术语本身再次说明于事无补，因为生态系统方法释义的问题之一在于是否按照字面意思解释成了管理生态系统的一种途径或方法。顺着这条路往下思考，我们就会认识到，关键是生态系统（尤其是海洋生态系统）根本无法加以管理；人们可以管理的是对生态系统造成压力的人类活动，而不是构成生态系统的各组成部分。例如，渔业捕捞已经无可争议地导致海洋生态系统的改变。不过，即使就在渔业捕捞已经导致生态系统改变的海域，我们甚至无法对其中生态系统的复杂性实施管理，而必须利用关于渔业捕捞活动导致生态系统改变的因果知识，通过管理渔业捕捞活动努力降低或扭转这种影响（例如，减少捕捞量、规定禁渔区或禁渔期）。显然，为此还必须了解生态系统的自然变化，了解推动这一变化的过程，了解各组成部分之间的联系，了解北海官方委员会①（2002）提出的实施生态系统方法的重要原则（CONSSO，2002）。否则，就没有机会解释生态系统各组分如何对不断变化的人类影响做出响应。不过，这不等于说我们可以管理生态系统本身的改变。接受这个差异可能有助于减少科学界部分人士对生态系统方法的反对。

因此，运用生态系统方法开展海洋规划与管理应明确人类必须以符合海洋健康的方式开展活动。本着这一精神，人类现有用海方式的详细信息应当与环境资料数据同步发展这一点相当重要，以此评估人类活动有益的变化方向以及未来的良性发展模式。为了保证两者之间的平衡，信息资料收集不仅要有助于对直接（如，渔业、发电、海上运输）和间接（如，废物倾倒、旅游业、气候变化改善）海域利用的认识，而且有助于了解陆上社区认定的海域利用的经济价值和社会价值。正如生态系统方法第 11 条原则（详见专栏 1.2）所表明的，可能需要从广泛的资料来源来获取这样的信息，其中包括本土知识和地方性知识等信息来源。未来视角对海洋规划也特别重要，因为全球人口增长、人类对自然资源需求的增加、潜在的资源短缺以及气候变化等压力都可能导致到下个世纪，世界会形成人类高度依赖海洋的模式，这种模式将迅速变化和增长。通过编制具有前瞻性的海洋空间规划来预测和引导这些人类压力，包括制定和评估人

---

① 2002 年保护北海的第五次国际会议在挪威卑尔根召开。北海官方委员会（CONSSO）提出了《卑尔根声明》，其中第一部分就提出了"建立生态系统管理方法"。该声明认识到有必要管理影响北海的人类活动，以保持生物多样性并确保可持续发展。因此，部长们一致同意实施生态系统方法，同意建立生态系统方法的概念性框架——译注。

类利用和环境变化的未来规划和替代方案，就是第 2 章将要讨论的主题。

在提高对海洋生态系统中人类因素的认识中，有必要回顾如恩特尔－瓦达等人（Endter－Wada et al. , 1998）、斯库恩斯（Scoones，1999）和马丁（Marten，2001）等学者的研究成果，这些学者提出了如何对现有特定生态系统中的人类因素开展调查的观点。例如，根据美国的试验，恩特尔－瓦达等人提出了一个分析框架（Endter－Wada et al. , 1998）。该框架考虑了生态系统规划和管理中社会科学数据的性质以及各种评估方法的作用。该框架的核心是认识到不仅有必要确定社会和经济结构的属性，而且要对趋势、态度、信念和价值观开展有效评估。这些更广泛的姿态和行为属性不仅是评估人类"状态"所必需的，而且还"受制于"自然系统。正如斯库恩斯（Scoones，1999）和霍林（Holling，2001）所认为的，这些属性对制定综合管理措施至关重要。

但有证据表明，深化对涵盖人类因素在内的海洋生态系统的认识已得到广泛认可。例如，欧盟海岸带综合管理示范项目（Coastal Management Demonstration Project，CEC，1996）确定了欧盟海岸线承受的主要社会经济动态影响，同时，另一项海洋空间规划试点项目（Marine Spatial Planning Pilot project，MSPP Consortium，2006）研究了整个北海海域资源利用方式之间的相互作用。虽然这样的研究计划提出了海洋环境中的社会结构和行为概况，强调社会系统的存在而不是社会系统和自然系统之间的关系，但还有待商榷。但是，正是这种综合的角度将成为在海洋中有效应用生态系统方法所面临的最大挑战。

1.8.3　确定能反映社会选择的目标

目标的设置要能反映社会选择是海洋环境规划和管理的最大挑战。《生物多样性公约》缔约方大会所设定的原则 1 强调"土地、水和其他生命资源管理目标是一种社会选择"。很显然，缺乏明确的目标，海洋规划和管理措施就失去战略方向和战略意图，但确定既真正反映"社会选择"，又适合于实施的目标绝非轻而易举，生态系统方法由于在本质上属于过程为导向的方法，难以在这方面提供直接指导。在许多国家，环境规划和管理普遍与政治色彩鲜明的社会经济政策和规划分离，使得环境规划难以赢得广泛的参与。这个问题在海洋环境规划和管理中则更为复杂，原因有三。一是起作用的社区多少有些脱离拟规划或管理的海域，二是社会和经济发展难以正确确定，三是对人类活动和海洋环境退化之间的联系认识不足。上述因素导致出现以下危险，海洋环境规划和管理所确定的目标基本只反映了环境领域和/或科学界关注的问题，核心内容只关切海洋环境问题。这样做的话，如果要达到环保目标，那些要求修订海洋规划目标的社会和经济力量（其中许多是陆上社会和经济力量）则难以有效地参与海洋规划。如上文所述，运用生态系统方法开展海洋规划和管理是人类活动的趋势。因此，在海洋领域应用生态系统方法所面临的重大挑战是就目标形成一个完整的定义，这一目标必须反映更为广泛的经济和社会需求和愿景，并能够根据海洋的可持续性和健康而进行调整，其中面临的困难是第4章讨论的重点。

1.8.4　利益相关者参与

考虑到这些因素，有效的利益相关者参与显然是在海洋领域实施生态系统方法的核心内容，这也反映在了生态系统方法的第12条原则（详见专栏1.2）中，即"生态系统方法应该要求所有相关的社会部门和科学部门参与"。然而，有效参与显然面临许多障碍。如上所述，对海洋环境认识不足以及由此引发的缺乏参与兴趣的问题突出说明全社会更为广泛地学习海洋事务的重要性，并建议在正式设置海洋规划与管理目标、建立合作伙伴关系前开展一段时期的非正式参与和能力建设。在运用生态系统方法，综合和全面地开展海洋规划和管理的新时代，利益相关者参与还可能受到现行的部门制定规划的模式和现有参与模式的惯性的阻碍。例如，强调部门利益的部门管理方式有可能需要在生态系统方法所提出的更宽泛的方式中获得包容。这可能不是一个普遍受欢迎的转变，可能需要一个过渡时期。例如，在英国，在新海洋规划所赋予的职权范围内提请有关渔业配额和"禁捕"区域的谈判似乎是适当的，但在所有欧盟成员国开展同样的谈判之前，谈判一直受到英国渔业团体的强大阻挠。除了这些问题，在陆地利益团体之间也存在协商疲乏的问题，而这些利益团体有可能已经被要求为公共部门日渐增多的政策文件、规划和方案作出贡献。规划间的有效融合再次产生效益，尤其是如果将这一情况延伸至共享协商安排和汇集咨询对策的情况下。

1.9　应对关键信息的挑战

1.9.1　告知社会选择

指导海洋规划和管理活动的目标要权衡各种经济、社会和环境因素，其中必然（如先前的评论）要确定哪些人类需求、活动和志向具有优先权，哪些不具有优先权。目标（以及从而编制的规划和制定的管理措施）将对人类活动模式和福祉产生直接和间接、短期和长期的影响。这在本章生态系统方法第1条原则所援引的内容中得到了强调，即以"公平和公正"的方式衡量规划和管理活动"有形和无形"的利益，可以预见，代内和代际公平问题与人类巨大的压力一样，将逐渐成为整个21世纪中涉海决策必须首先考虑的问题。

生态系统方法的一个核心问题是，影响决策过程的利益相关者应该有能力在获得充分信息的基础上做出选择，重要的是要在认识社会－经济的同时可以获得良好的科学建议。不过，自己收集的数据显然难以充分。真正需要的是把认识转化为相关的规划和管理对策，根据充分的信息对具体管理战略中的环境、经济和社会的成本与效益做出评估，从而保证利益相关者对涉及的问题具有清晰的认识。需要再次强调，这也不是一件容易的事。例如，渔业捕捞导致某些物种（如鳕鱼）的种群数量达到受威胁的程度，扭转其数量下降趋势产生的效益是有形的，而减少潮下带特殊类型海洋生境丧失、保护宏观生态系统完整性和应对气候变化所产生的效益则是无形的，如果决策者对这两类问题的症结及其继续退化造成的影响没有获得充分的信息，那么"公平和公正的"决策似乎并不可能。

各种规划管理措施对生态系统和利益相关者均存在有形和无形的利益，改进这类利益的（定量或定性的）评估和测量方法，以及把这种认识与决策者沟通就是第 4 章和第 5 章的重点。正如本章生态系统方法第 4 条原则中所描述的，除了在其他关键领域外，在把生物学变化转化为经济学变化中需要成功地沟通成本和效益问题，其中应用生态系统服务方法则是未来进一步发展的关键。

1.9.2 空间动态和各种规划和管理对策

认识空间动态是制定有效的规划和管理措施以及评估与之相关的成本和收益分配的关键。例如，人们普遍认识到，生态系统在不同的空间尺度运行，由于海洋生态系统各组分（例如，底栖无脊椎动物与海洋哺乳动物）的空间动力学存在差异，具体单元中管理人类压力（例如，入海的陆源农业营养物质）的结果也会因不同生态系统组分而存在差异。在生态系统方法（操作指南中的第 4 点）指导下开展海洋规划和管理时认识到这一点至关重要。这种复杂性意味着，各海区可能都需要诸多不同类型的规划和管理对策。例如，根据空间足迹，有些压力很容易就被确定下来，因而适合于采取区划类对策（如集中倾废场减少生境改变和填埋），而有些压力则不能（例如，外来物种入侵）。探索空间动态的内涵，为确定海洋规划和管理备选方案的范围深入开展研究和指导是值得的。为满足科学技术支撑的需求，必须在海洋生态系统领域，尤其在生态连接性（参见专栏 1.2 生态系统方法的第 7 条原则）等方面深入开展工作。在这些领域中取得进展、获得高质量的空间分解数据，对于生态组分和人类活动来说都是必不可少的。

1.9.3 时间动态：长期性和适应性管理的重要性

海洋生态系统的时间动态变化对于海洋规划和管理同样关键。要了解海洋生态系统功能的局限性和变化情况（参见专栏 1.2 生态系统方法的第 7 条原则），则需要获得长期可靠数据的支持。随着海洋规划新时代的到来，有必要对收集和分析长时间序列的数据集给予资金支持。我们正在试图对生态系统中的人类活动进行管理，而只有通过阐释这些数据集，我们才能对这些生态系统的局限性提出建议。持续的资金支持要求我们从当前与预算有关的、占主导地位的短期思维中转变过来（参见专栏 1.2 生态系统方法的第 8 条原则）。

就适应性管理方法如何发挥作用而言，认识生态过程在不同时间尺度上运作也很重要（参见专栏 1.2 生态系统方法的第 9 条原则）。生态系统不同组分恢复或复原时间大不相同（从几小时到几百年不等），甚至对于特定物种来说，对不同压力的响应也会有所不同，这取决于具体的产生滞后效应的相关机制。例如，如果人类活动引起严重的局部效应（如因漏油事件而造成具体海域成年鱼的大量死亡），响应时间可能存在差异，这取决于广泛的导致长期慢性影响的相关活动（如降低了大面积海域中所有物种的繁殖成功率）。切实制定和实施适应性管理措施（操作指南中的第 3 点）需要有足够的灵活性，要考虑到特定生态系统中可能存在的、能够观察到的不同的时间响应。探索空间动态的内涵以确定规划和管理备选方案的范围，开展进一步研究和指导是值得的。

1.9.4　了解生物多样性的结构和功能

生态系统方法的关键原则之一是生物多样性"包括生物体及其环境的基本结构、过程、功能和相互作用"，也包括人类在内（CBD COP，2000，V/6）。了解其结构和功能之间、界限和行为之间的关系，为当前海洋科学研究奠定了基础。人们认识到生物多样性"无论是其内在价值，还是其在生态系统中所起到的关键性作用及其所提供的人类最终赖以生存的其他服务"（参见专栏 1.2 生态系统方法的第 10 条原则），仍有必要继续开展科学研究并在生态学意义上提出有关结构和功能显著变化的相关建议（见操作指南中的第 1 项）。例如，生态系统中某一种群的灭绝如何影响整个生态系统的功能？生态系统方法的第 5 条原则（参见专栏 1.2）认为，对于生物多样性的长期可持续利用来说，全面维持生态系统功能比单纯保护单一物种显得更为重要。这一点至关重要，因为这是一个处于发展阶段的科学研究领域，它将生态系统功能和恢复力、不同压力对其影响等方面的新的认识纳入到当前出现的适应性规划和管理中。

1.9.5　处理复杂性和不确定性

上述讨论明显说明海洋生态系统极其复杂，在很多方面和许多领域对生态系统的认识都不够充分。就生态系统中人类和非人类的组分及其相互关系来说，这都是事实。在大多数海洋领域，为降低不确定性并为决策提供可靠的证据基础，有必要在数据和系统动力学认识方面取得显著提高。可是，这也引出了这样一个问题，即决策者到底需要多少信息才能做出有效决定？这正是负责管理复杂系统必须面对的问题，而且也确实不是新问题。例如，20 世纪 60 年代，在城镇和乡村规划领域出现的"系统规划"也出现了类似的困惑。麦克洛林（McLoughlin，1969）等提倡者认为，合理的城市环境综合规划必须对"城市系统"内的人们和场所之间相互作用的复杂网络进行细致的识别、评估和管理。这种方法通过广泛而详细的分析，了解城市区域的每个细节。但是，这一过程所能达到的程度受到了林德布卢姆（Lindblom，1959）的质疑，20 世纪 50 年代末他就已经提出，用综合方法管理复杂的系统注定要失败，我们所能做的只是"摸索着通过"信息的泥潭，并在信息增量的基础上做出决定。在生态经济学领域，霍林（Holling，1993）也采用灵活的方式处理复杂的环境问题。特别是他倡导的以实时信息为基础的预测建模方法。他后来承认，这是处理不断"移动目标"的实体的唯一办法。虽然我们必须承认最近在数据收集和建模方面已取得了相当大的进展并且仍在不断继续，但如何最合理地处理复杂性、不确定性和数据收集依然是个活生生的问题。生态系统方法提供了强有力的指导，生态系统方法的第 8 项原则强调，在规划和管理中必须意识到变化是不可避免的，操作指南第 3 项指出，有必要采取适应性或"边做边学"的规划和管理方法。这一指导原则与适应性管理方式相衔接，在支持有选择性、持续性的监测方法方面很有帮助。在这种情况下，严格确定海洋领域的经济、社会和环境目标，能够为缩小数据搜集范围、增加可管理部分提供关键机制。在这方面，不同海区间的经验交流则非常重要。

1.10 建立与宏观议题的关联性

1.10.1 海洋规划和陆地规划的衔接

上文讨论的主题是陆地和海洋之间的紧密关系。这反映了跨陆－海边界的环境、经济和社会制度之间复杂的相互关联。人类在陆地和海洋的直接和间接的发展日益对海洋产生深远影响。与此同时，陆地社会发展对海洋生态系统服务的依赖性不断增强。除了诸如渔业捕捞这样古老但仍很重要的生态系统服务外，新的服务包括海洋在碳捕获和改善全球气候方面的关键作用。因此，海洋与陆地规划和管理制度（包括相关的城市和区域规划、经济发展、能源、水资源管理、农业和运输）的整合将成为应用生态系统方法的一个关键因素，正如第 2 章所论述的，强调双向关系显然非常重要。更加突出环境问题是以陆地为基础的规划所面临的特殊挑战。而海洋规划主要是从环境管理的角度制定，往往在经济和社会问题建立更为紧密的联系，反过来这也适用于大多数陆域规划。尽管在许多国家普遍采用战略环境影响评价和环境影响评价，但在决策过程中考虑环境问题仍然处于起步阶段。现有政治的、体制的、专业的和学科的规范和惯例，更不必说法律制度，都可能会阻碍环境因素的有效整合。还有一个问题就是潜在的"海洋盲区"，许多以陆域为基础的规划制度并未考虑到海岸带之外的区域，即使这么做了，它们关注的也只是海洋对陆地的影响，而不是陆域活动对海洋的影响。

1.10.2 挑战生态现代化范式

本章认为，生态系统方法产生的部分原因在于我们意识到，现有政治和行政体制难以有效应对环境挑战。在许多国家，部门环境管理（以及其他形式的部门规划）的问题在于，将环境问题过分简单化并限制了对人类活动影响生态系统健康的复杂性和广泛性的认识（Margerum and Born，1995；Irwin，2001；Dickens，2004）。《生物多样性公约》和生态系统方法所提出的解决方案是，实现向新的综合性规划和管理结构过渡，而这一结构采用生态分析和认知作为决策基础（Harris et al.，1987）。隐含在《生物多样性公约》中的对生态系统方法的解释是，人类是自然界的主要组成部分，并与之合为一个整体，正如操作指南第2项所强调的，生态系统方法的实施目标是通过生态系统服务的概念等，"促进对人类/环境之间关系更为深刻的认识"。然而，批评之一对准的是《生物多样性公约》中的生态系统方法，认为该方法难以提供明确的战略意图。虽然它牢固地植根于可持续发展原则，但这一术语引起了广泛的争议并有可能提出一些完全不同的规划和管理办法。替代性概念的范围包括从皮尔斯等人（Pearce et al.，1989）所描述的可持续性有"弱"和"强"的差别到《布伦特兰德报告》（Bruntland Report，1987）提出的"增长"或"无增长"的情景。在海洋规划和管理中，世界观上潜在而重大的分歧集合到了一起，这也是第4章关注的焦点，其中探讨欧洲发展现状。

达武迪（Davoudi，2001）认为，尽管定义不断变化，但就"生态现代化"和"风险社会"之间的紧张状态来说，可持续发展的论断或许可以成为最好的概念选择。她支持生态现代化，并认为环境和经济之间并不存在冲突，发展生产是促进环境完整性的必要经济基础。这样一来，现代化的项目工程可以继续蓬勃发展，科学技术可以带来持续的经济增长并限制对环境的损害。然而，由贝克（Beck，1992）提出的"风险社会"理念在方法上则显得更为谨慎。他们认为，风险社会是现代化的副产品，必须对环境恶化负责。"风险社会"的观点并不支持采用先进技术支持经济增长，而是采取激进的对有关社会基本准则重新定义的方式，包括基于生态系统（包括人类）健康和福祉优先的贸易、政治、科学和家庭等方面的社会基本准则。技术发展和持续的经济活动仍将在此种情形下发挥重要的作用，但其首要目标已经完全不同，包括在"公平增长"概念，甚至是"无增长"的情景下也是如此。目前，全球普遍坚定地加入"生态现代化"的阵营。这一方法是否能够实现《生物多样性公约》和生态系统方法的愿景有待观察。有趣的是，如果新出现的基于环境的海洋规划能够成功地与政治、经济和社会的主要方面相衔接，那么就可以在鼓励辩论和反思当前人类/环境关系的轨迹方面起到不小的作用。

1.11 结 论

本章开头指出，我们正处于环境规划和管理方法范式的转型期，这些方法重申了一个传统的观点，即人类福祉和生态系统健康之间存在密切而错综复杂的关系。通过1992 年《生物多样性公约》的推动，（反映上述模式的）生态系统方法的概念框架已纳入到国际法中，并不断被反映在指导海洋规划和管理的国际和国家政策文件当中。然而，正如我们所知道的，在海洋和陆地环境中对生态系统方法的理解和应用仍处于相对初期的阶段，有人呼吁要阐明这一概念并更清楚地了解其含义。本书探讨了这一议题，并在以下章节对相关主题进一步深入探讨：解释生态系统方法的来源、定义和原则以及相关的联合国操作指南；回顾在非海洋领域和海洋领域适用生态系统方法所获得的经验教训；提出关键问题的跨学科讨论，在海洋规划与管理中应用生态系统方法需要进一步关注这些关键问题。这些关键问题包括，对生态系统方法中人文因素的认识的发展（第 2 章和第 3 章的重点），应对由生态系统方法所提出的关键信息的挑战（第 4 章和第 5 章的重点），探讨海洋规划和管理中的生态系统方法是如何与更广泛的公共政策和研究议题紧密连接的（第 6 章的重点）。

参考文献

Allen, D. E. (1976) *The Naturalist in Britain*: *A Social History*, Pelican Books, London

Backer, H. and Leppanen, J. M. (2008) 'The HELCOM system of a vision, strategic goals and ecological objectives: Implementing an ecosystem approach to the management of human activities in the Baltic Sea', *Aquatic Conservation – Marine and Freshwater Ecosystems*, vol 18, pp321 – 334

Backer, H., Leppänen, J. – M., Brusendorff, A. C., Forsius, K., Stankiewicz, M., Mehtonen, J., Pyhälä, M., Laamanen, M., Paulomäki, H., Vlasov, N. and Haaranen, T. (2009) 'HELCOM Baltic Sea Action Plan – A regional programme of measures for the marine environment based on the Ecosystem Approach', *Marine Pollution Bulletin*, vol 60, no 5, pp642 – 649

Beck, U. (1992) *Risk Society*: *Towards a New Modernity*, Newbury Park, London Bengston, D., Xu, G. and Fan, D. (2001) 'Attitudes toward ecosystem management in the United States, 1992 – 1998', *Society & Natural Resources*, vol 14, no 6, pp471 – 487

Bruntland, G. (ed) (1987) *Our Common Future*: *The World Commission on Environment and Development*, Oxford University Press, Oxford

CBD COP (Convention on Biological Diversity, Conference of the Parties) (2000) *Fifth Meeting*, *Decision V/*

6 *The Ecosystem Approach*, Secretariat of the Convention on Biological Diversity, Montreal

CEC (Commission of the European Communities) (1996) *Demonstration Programme on Integrated Management of Coastal Zones*, European Commission Services, *Information Document XI/79/96*, Officefor the Official Publications of the European Communities, Luxembourg

CEC (2007) *An Integrated Maritime Policy for the European Union*, Office for the Official Publications of the European Communities, Luxembourg

CONSSO (2002) *Bergen Declaration*, Ministerial declaration of the fifth international conference on the protection for the North Sea, 20 – 21 March 2002, CONSSO, Bergen

Constable, A. J., de la Mare, W. K., Agnew, D. J., Everson, I. and Miller, D. (2000) 'Managing fisheries to conserve the Antarctic marine ecosystem: Practical implementation of the Convention on the Conservation of Antarctic Marine Living Resources (CCAMLR)', *Ices Journal of Marine Science*, 57 pp78 – 79

Danter, K. J., Griest, D. L., Mullins, G. W. and Norland, E. (2000) 'Organizational change as a component of ecosystem management', *Society & Natural Resources*, vol 13, no 6, pp537 – 548

Davoudi, S. (2001) 'Planning and the twin discourses of sustainability', in A. Layard, *Planning for a Sustainable Future*, Spon, London

Day, J. (2008) 'The need and practice of monitoring, evaluating and adapting marine planning and management: Lessons from the Great Barrier Reef', *Marine Policy*, vol 32, pp823 – 831

Defra (2009) *Our Seas: A Shared Resource – High Level Marine Objectives*, Defra, London Dickens, P. (2004) *Society and Nature*, Polity, Cambridge

Endter – Wada, J., Blahna, D., Krannich, R. and Brunson, M. (1998) 'A framework for understanding social science contributions to ecosystem management', *Ecological Applications*, vol 8, no 3, pp891 – 904

Fee, E., Gerber, E., Rust, J., Haggenmueller, K., Korn, H. and Ibiscf, P. (2009) 'Stuck in the clouds: Bringing the CBD's ecosystem approach for conservation management down to Earth in Canada and Germany', *Journal for Nature Conservation*, vol 17, no 4, pp212 – 227

Frid, C., Paramor, O. and Scott, C. (2006) 'Ecosystem – based management of fisheries: Is science limiting?', *ICES Journal of Marine Science*, vol 63, no 9, pp1567 – 1572

Glowka, L., Burhenne – Guilmin, F. and Synge, H. (1994) *A Guide to the Convention on Biological Diversity*, IUCN, Cambridge

Harris, H. J., Sager, P. E., Yarbrough, C. J. and Day, H. J. (1987) 'Evolution of water resource management: A Laurentian Great Lakes case study', *International Journal of Environmental Studies*, vol 29, no 1, pp53 – 70

Hartig, J. H., Zaru ll A. Z. and Law, N. L. (1998) 'An ecosystem approach to Great Lakes management: Practical steps', *Journal of Great Lakes Research*, vol, 24, no 3, pp739 – 750

Hewitt, R. P. and Low, E. H. (2000) 'The fishery on Antarctic krill: Defining an ecosystem approach to management', *Reviews in Fisheries Science*, vol 8, no 3, pp235 – 298

Hillman, M., Aplin, G. and Brierley, G. (2003) 'The importance of process in ecosystem management: Lessons from the Lachlan catchment, New South Wales, Australia', *Journal of Environmental Planning and Management*, vol 46, no 2, pp219 – 237

Holling, C. S. (1978) *Adaptive Environmental Assessment and Management*, Wiley, Chichester

Holling, C. S. (1993) 'Resilience and stability of ecological systems', *Annual review of Ecological Systems*, vol 4, pp1 – 23

Holling, C. S. (2001) 'Understanding the complexity of economic, ecological, and social systems', *Ecosystems*, vol 4, pp390 – 405

Hyun, K. (2005) 'Transboundary solutions to environmental problems in the Gulf of California Large Marine Ecosystem', *Coastal Management*, vol 33, no 4, pp435 – 445

Interagency Ocean Policy Task Force (2009) *Interim Framework for Effective Coastal and Marine Spatial Planning*, White House Council on Environmental Quality, Washington, DC

Intergovernmental Oceanographic Commission (2007) National Ocean Policy, The Basic Texts from: Australia, Brazil, Canada, China, Colombia, Japan, Norway, Portugal, Russian Federation, United States of America. UNESCO, Paris

International Institute for Sustainable Development (2006) *Earth Negotiations Bulletin*, *vol* 25, *no* 31, *Summary of the Seventh Meeting of the Open – ended Informal Consultative Process on Oceans and the Law of the Sea*, IISD, Winnipeg

Irwin, A. (2001) *Sociology and the Environment*, Polity, Cambridge

Juda, L. (1999) 'Considerations in developing a functional approach to the governance of large marine ecosystems', *Ocean Development & International Law*, vol 30, no 2, pp89 – 125

Kidd, S. (2007) 'Landscape planning at the regional scale', in M. Roe (ed) *Landscape and Sustainability*, 2nd edition, Spon, Abingdon, pp118 – 137

Klug, H. (2002) 'Straining the law: Confl icting legal premises and the governance of aquatic resources', *Society & Natural Resources*, vol 15, no 8, pp693 – 707

Laffoley, D. d' A., Maltby, E., Vincent, M. A., Mee, L., Dunn, E., Gilliland, P., Hamer, J. P., Mortimer, D. and Pound, D. (2004) *The Ecosystem Approach: Coherent Actions for Marine and Coastal Environments*, English Nature, Peterborough

Lamont. A. (2006) 'Policy characterization of ecosystem management', *Environmental Monitoring and Assessment*, vol 113, pp5 – 18

Lindblom, C. (1959) 'The science of muddling through', *Public Administration Review*, (reprinted in A. Faludi (1973) *A Reader in Planning Theory*, Pergamon, Oxford)

Maes, F. (2008) 'The international legal framework for marine spatial planning', *Marine Policy*, vol 32, pp797 – 810

Maltby, E. (2006) 'Wetland conservation and management: Questions for science and society in applying the ecosystem approach', *Ecological Studies*, vol 191, pp93 – 115

Maltby, E., Holdgate, M., Acreman, M. and Weir, A (1999) *Ecosystem Management: Questions for Science and Society*, IUCN CEM and RHIER, London

Margerum, R. and Born, S. (1995) 'Integrated environmental management: Moving from theory to practice', *Journal of Environmental Planning and Management*, vol 38, pp371 – 391

Marten, G. (2001) *Human Ecology*, Earthscan, London

McLoughlin, B. (1969) *Urban and Regional Planning: A Systems Approach*, Faber & Faber, London

More, T. (1996) 'Forestry' s fuzzy concepts: An examination of ecosystem management', *Journal of Forestry*, vol 94, no 19, pp23 – 24

MSPP Consortium (2006) *Marine Spatial Planning Pilot*, MSPP, London

Pearce D. W. , Markandya, A. and Barbier, E. B. (1989) *Blueprint for a Green Economy*, Earthscan, London

SBSTTA (Subsidiary Body on Scientifi c, Technical and Technological Advice) (2007)

In – depth Review of the Application of the Ecosystem Approach, UNEP/CBD/SBSTTA/12/2, Secretariat of the CBD, Montreal

Scoones, I. (1999) 'New ecology and the social sciences: What prospects for fruitful engagement?', *Annual Review of Anthropology*, vol 28, pp479 – 507

Secretariat of the CBD (Convention on Biological Diversity) (2010a) 'Ecosystem Approach', Secretariat of the CBD, Montreal www. cbd. int/ecosystem, accessed 20 June 2010

Secretariat of the CBD (2010b) 'Ecosystem Approach Source Book', Secretariat of the CBD, Montreal, www. cbd. int/ecosystem/sourcebook, accessed 20 June 2010

Shepherd, J. (2008) *The Ecosystem Approach: Learning from Experience*, IUCN, Gland, Switzerland and Cambridge

Smith, R. D. and Maltby, E. (2003) *Using the Ecosystem Approach to Implement the Convention on Biological Diversity: Key Issues and Case Studies*, IUCN, Gland, Switzerland and Cambridge

The Swiss Agency for the Environment, Forests and Landscape, the Bureau of the Convention on Wetlands and the World Wide Fund for Nature (2002) *Sustainable*

Management of Water Resources: The Need for a Holistic Ecosystem Approach, Ramsar

COP8 DOC. 32, Secretariat to the Ramsar Convention, Gland, Switzerland and Cambridge

UNEP (United Nations Environment Programme) (2002) *Global Environmental Outlook* 3, Earthscan, London

UNEP (2010) *Regional Seas Programme*, www. unep. org/regionalseas/about/default. asp, accessed 20 April 2010

Wang H. (2004) 'An evaluation of the modular approach to the assessment and management of large marine ecosystems', Ocean Development and International Law, vol 35, pp267 – 286

第2章　建立生态系统方法的人文因素：与陆地空间规划紧密结合

苏·基德（Sue Kidd），吉姆·克莱顿（Jim Claydon），奈杰尔·沃森（Nigel Watson），斯图尔特·罗杰斯（Stuart Rogers）

本章旨在阐明：
- 在建立海洋规划和管理人文因素过程中，为什么与国土空间规划紧密结合如此重要；
- 陆地规划目标和过程的理论争议如何鼓励对海洋规划目标和过程的批判性反思；
- 海洋规划和管理新制度如何借鉴陆地规划的经验，并适应于具体的文化、法律和管理环境；
- 陆地规划如何有助于理解和论述生态系统方法的关键理念。

2.0　前言

第 1 章介绍了生态系统方法（ecosystem approach），指出生态系统方法是现代建立海洋规划与管理新途径的上层指导性框架，突出说明生态系统方法在海洋领域的应用面临严峻挑战，其中生态系统方法核心之一的人文因素属于关键领域，需要进一步发展。例如，按照生态系统方法的整体观，要比现在更进一步认识到人与环境、陆地与海洋之间存在密切的关系。同样，生态系统方法强调管理的是人类活动，而不是环境本身，这无疑应该成为关注的焦点。在海洋领域，管理更是只能针对人类活动，因为难以想象可以对海洋这种更大的生态系统的错综复杂关系实施管理。因此，按照这种逻辑，难怪生物多样性公约（CBD）缔约方大会（COP）在 2000 年 5 月提出第 1 条原则，声明确定土地、水和生物资源管理的目标是一种社会选择问题，因为管理活动不可避免地会涉及管理，并可能在某种程度上限制人类活动。这条原则说明，重要的是建立起健全的机制，清晰地确定海洋真正的社会、经济和环境目标，梳理出海洋环境未来应该努力达到的目标的主要特点。如果接受这条原则，那么海洋规划和管理程序的设计，正如第 1 章生态系统方法第 12 条原则指出的，不仅要包括良好的科学，而且需要社会各相关部门有效参与。对于目前建立新的海洋规划与管理制度来说，这是一个具有挑战性的议程。本章认为这种挑战并不完全是新事物，人们可以从反思困扰陆地规划 100 多年的经验教训中获得启迪。

芳妮·道威尔（Fanny Douvere，2007）在其发表于《海洋政策》海洋空间规划专辑的论文中也强调了借鉴陆地规划经验的重要性，并指出其中的潜在利益现在获得了广泛认同。例如，联合国教科文组织下属的政府间海洋学委员会（IOC）和《人与生物圈计划》实施的海洋空间规划项目就借鉴了现有海洋空间多用途管理和陆地空间规划的经验。到目前为止，该项目的大部分工作的确在于总结现有陆地空间规划的经验教训及其对海洋规划制定的影响，其中形成的关键结论在第 5 章讨论。近些年陆地规划目标和过程正在发生改变，但关于导致这种改变的基础性理论争议的历史反思和讨论以及对海洋规划新领域的影响等问题，人们基本没有加以关注。因此，本章阐述这种潜在联系的丰富内容及其价值，进一步推动理论和实践的辩论，促进陆海规划之间的交流。

本章首先概述了陆地规划的起源及其与当前更为正规的海洋规划和管理的惊人相似性和相异性，然后回顾陆地规划目标和过程的关键理论争议的简史，并以实例说明，这种回顾有助于推进对海洋规划目标和规划过程的批判性反思。大部分讨论都涉及了规划内容和规划编制过程，但也关注到规划实施这一关键问题，而且在论证中指出这将使目前围绕海洋规划和管理的讨论更具有价值。现行的"空间规划"范式日益提高了其对世界各地陆地规划方法的指导，本章指出一定要小心安排规划布局，保证其符合具体的文化、法律和行政环境。英国根据《2009 年海洋与海岸带准入法》制定了新的海洋空间规划，实际应用了上述认识，英国的陆地规划也非常直接地说明了这一点。最后，本章在总结中认为陆地规划的经验有助于更广泛地理解和表达生态系统方法的关键问题。

2.1　海洋和陆地空间规划的共同基础

陆地规划的历史可以追溯到几千年前。4500 年前的美索不达米亚的古老城市以及古希腊和古罗马的居民区规划就提供了实例（Mumford，1961）。不过，现代陆地规划系统则是近代才发展起来的。19 世纪后期，西欧和北美为了应对工业化、人口增长和城市扩张出现的连锁问题，现代陆地规划系统浮出水面。

维多利亚时代的诗人詹姆斯·汤姆逊（James Thompson）的《梦魇之城》（The City

of the Dreadful Night）①（Hall，2002，P13）唤起了人们的焦虑。19 世纪，在快速、无规划和无管制的城市建设中，成千上万的城市居民生活在恶劣的环境中，《梦魇之城》提高了人们对恶劣环境的认识。当时，一系列城市调查突出报道了拥挤不堪、光照不足和卫生设施缺乏以及由此导致的健康状况不佳和低寿命等问题，引起大众的广泛关注（Cullingworth and Nadin，2006）。在发生这种排他性的社会关注的同时，18 世纪和 19 世纪欧洲普遍发生的暴力和平民暴动起义等引起了人们对国家安全问题的关注。这样的生活条件导致富裕的中产阶级逃离城市，开始了大规模的郊区化进程，造就了当时英国和美国的另一种特色。乔治·格鲁尚克（George Cruikshank）1829 年出版的漫画（见图 2.1）描绘了伦敦城向外蔓延的情景，说明城市向乡村扩张日益引起的恐惧情绪以及对由此导致的对野生动物、自然风光和农业生产的不利影响的担忧（Gallent et al.，2008）。正是在这样的背景下，公众支持采取措施来规范发展，防止城市增长对社会和环境造成的不利影响。这些恐惧和担忧达到顶点，导致英国在 1909 年通过了第一个正式的城市规划法——《房屋和城镇规划法》。

图 2.1　"逃离城区的伦敦城"或"砖块和水泥的进军"
来源：1829 年乔治·格鲁尚克的蚀刻版画，经伦敦博物馆授权引用

现在，人们呼吁加强对人类利用海洋的管理，这和 100 年之前的社会关注具有相似性，将两者加以对比具有意义。联合国环境规划署（UNEP，2006）发布的重要文件

---

①　James Thompson（1834—1882），是维多利亚时代的苏格兰诗人，彻底的悲观主义者。《梦魇之城》是一首长诗，写于 1870～1873 年间，1874 年出版。描绘了伦敦的形象，显示了黯淡的悲观情绪和冷漠的城市环境。

《千年生态系统评估报告（海洋和沿海生态系统部分）》强调了海洋和海岸带生态系统对人类生存和福祉的重要性。不过，该报告在结论中指出，这些生态系统正在退化和不可持续的利用，其恶化速度快于其他生态系统。人口增长、技术进步和消费需求改变，都将不断加重对海洋环境的需求和威胁，包括对粮食安全的威胁、生境丧失、不良健康影响以及沿海社区面临自然和人为灾害的脆弱性增加。这样的担忧，尤其对人类无序无度利用海洋造成不良的社会和环境影响的担忧，是促使世界许多地方一个世纪前建立陆地规划系统的真实写照。而且，开展规划的经济合理性也浮出水面，但经常以可持续发展等语言表达。这些关注很多年前不是那么突出，但现在却是欧洲海洋空间规划辩论的核心，其中揭示了与更注重环保的海洋空间规划存在微妙的、潜在的差异。欧洲经济共同体委员会（CEC）的下述引文说明了存在的重大差异。

> 据估计，欧洲 3% ~5% 的国内生产总值（GDP）是由海洋产业和服务产生的，其中一些具有高速增长潜力。在法律确定性和可预见性的条件下，稳定的规划框架将促进在这些领域的投资，包括海上能源开发、海上交通运输、港口开发、油气开采和水产养殖，从而提高欧洲吸引外国投资的能力（CEC, 2008, p3）。

尽管不那么容易，但巨大利益显然正聚合起来，推动进一步指导和调控人类对海洋的开发。可以预计，在 21 世纪的前 25 年，世界各国政府将考虑到底采取什么途径付诸实施。本章认为，在开展这些活动时，他们会发现有必要回顾已有的陆地规划制度，因为陆地和海洋制度之间存在共同的基础和关注点。正如下文将要阐述的，对其如何随时间变化以响应规划目标和过程转变的了解，有助于开辟探索新方法。

2.2 考虑海洋规划与管理的目标

对建立陆地与海洋规划制度的关注为从多种视角了解规划预期目标提供了某些线索。在过去的 100 年中，这个问题也是陆地规划辩论的重要领域。随时间的推移，利益集团之间重大差异显而易见，因此，证明了这种反思的重要性，表明规划目标并不是简单或中立的。不同的观点反映了不同的、同样不断变化的文化和政治理念。最终，所有规划制度都涉及具体的规范性定位，即在特定点上居主导地位的价值标准，从而据以设置目标并塑造实现目标的过程和技术。这种认知揭示出讨论规划目标的重要性。

在陆地环境中，许多辩论集中在规划活动应设法建立和保护的环境种类，特别强调城市环境。这在部分程度上反映了这样一个事实，即越是人类居住密度高的地方，越是建设强度最高的地方，就是发生最激烈的竞争和潜在冲突的地方，因此也是最需要规划的地方。在不同的时间，对理想城市环境的主流看法也完全不同。对已经发生的探讨开展深度评判是不可能的，但表 2.1 说明了一些视角的重大对比以及多年来主流思想随时间的变化。

表 2.1　对理想城市环境的主要规划理念

20 世纪初期20 世纪末期	21 世纪初期	
聚焦于自然领域	聚焦于社会/经济领域	生态/社会/经济维度的集成
简洁有序的	复杂性与丰富性	尊重自然的能力
全面规划	逐步改变	适应性强的
理想的最终状态（蓝图）	动态的	有弹性的
分散发展	紧凑发展	紧凑发展
低密度发展	高密度发展	高密度发展
用途隔离	用途混合	多功能的
自给自足的社区	互联社区	资源节约型
普世价值	多种价值观	共同的责任

规划范式的变化趋势

→

在 20 世纪初，人们主要关注城镇和市区的自然地理，主要为居住区全面规划出井然有序（通常是低密度的）、普遍适用的"蓝图"愿景，其中以不同的方式对土地利用进行详细区划和相互隔离。埃比尼泽·霍华德（Ebenezer Howard）的"花园城市"、柯布西耶（Le Corbusier）的"空中城市"、弗兰克·劳埃德·赖特（Frank Lloyd Wright）和刘易斯·芒福德（Lewis Mumford）的"分散城市"（见 Hall，2002 的详细综述）等反映了这种思想。不过，到了 20 世纪下半叶，这种思想受到以简·雅各布斯（Jane Jacobs，1961）、克里斯托弗·亚历山大（Christopher Alexander，1965）和布赖恩·麦克洛克林（Brian McLoughlin，1969）等为主的批判者的抨击，他们指责这样的思想过于简单化、缺少生气，对居住区的社会和经济生活的复杂性和多面性缺乏考虑，忽视了居住区中许多吸引力和价值。反之，高密度城市的复杂性和动态性等属性要在规划中获得理解、珍惜和培育，这不仅因为其中存在美学和精神价值，也因为这些属性是社会福祉和经济发展的重要支柱（见 Taylor，1998 对各种观点的综述）。最近，人们从可持续发展的角度对详细区划、低密度发展的传统提出抨击，低密度发展不仅由于土地资源原因把绿地需求压到最低，而且研究表明，这种居住模式增加了交通出行，从而需要更多的能源（Newman and Kenworthy，1999）。

自从 1992 年里约热内卢地球峰会以来，对可持续发展的关注已日益成为规划争论的焦点。例如，英国 2004 年的《规划和强制购买法》（the Planning and Compulsory Pur-

chase Act）首次把促进可持续发展确定为陆地规划的立法宗旨。在布伦特兰报告①
（World Commission on Environment and Development，1987）的鼓舞下，人们相当关注同
生态完整性、社会公平、健康与福祉和经济繁荣具有一致性的环境质量，并促进它们
之间适当的平衡。这种思想上的转变，改变了专业人士和公众对规划本身的期望，城
市化（Katz，1994）、理性增长②（Ingram et al.，2009）和城中村（Neal，2003）运动
促进了城区设计和实体规划的复兴，也使复杂的城市理念得到进一步发展（如，Frey
and Yaneske，2007）。近来，围绕 2009 年 12 月联合国（UN）在哥本哈根气候变化大
会反映出国际利益的呼声，环境和全球责任问题脱颖而出，特别迫切呼吁促进低碳发
展模式，减轻和应对气候变化（ISOCARP，2009）。目前的建议是，我们应着眼于创造
多功能性和以生态过程和自然承载能力为支撑的高密度、紧凑、适应性强的资源节约
型住区。在许多方面这些想法并不完全是新的和重新提出的，例如帕特里克·格迪斯
（Patrick Geddes）、刘易斯·芒福德（Lewis Mumford）等人早在 20 世纪初就提出了生态
规划概念（Luccarelli，1995）。我们现在看到，长期的规划元素，即理想城市环境的观
念、应对当地关键挑战的城市重塑和发展的观念等走到一起来。这种规划成果和愿景
模式的转换，对最有效、最可取的规划程序、技术和方法类型有显著影响。

　　那么海洋规划和管理可以从中吸取什么经验教训呢？这里有很多例子可以反思，
其中有 3 个足以说明进一步探索联系的潜在价值。

　　首先，很多陆地规划一直关注确定城镇发展程度最强的区域"理想"属性，观察
这一点是很有意义的。有个类似的方法似乎与海洋有关，围绕如何规划大陆架提出一
个特别的讨论，更具体地说是"城市之海"近岸地区，这里是人类压力最大的区域，
与陆基发展的相互作用最为显著。就多数海洋生物直接或间接赖以生存的海洋生态功
能而言，这些地区非常重要。因此，它们可能需要一个有别于以往的、更加积极的规
划模式，应对更多的农村和未开发的海洋和深海区，并梳理出这些区别、细微之处和
相互关系，这可能会有所帮助。

　　其次，这里有个问题是关于如何更好地指导人类活动，或者换句话说，是"理想"
中的海洋开发规划战略？土地规划的经验表明，需要警惕简单化或"一个类型适合所
有情况"的解决方案，并根据特定区域做出调整，同时以一种敏感的方式来应对系统

---

　　① 1987 年世界环境与发展委员会主席布伦特兰（Bruntland）向联合国提交了研究报告《我们共同的未来》，
对可持续发展定义为"既满足当代人的需要，又不对后代人需要的能力构成危害"——译注。

　　② "精明增长（smart growth）"也翻译为"理性增长"，是美国 20 世纪 90 年代针对"城市蔓延"问题而提
出，并在欧洲可米尔理论基础上发展而来的。20 世纪 50 年代至 60 年代，美国郊区化水平迅速提高，郊区人口在
总人口中逐步占据主导地位；80 年代后，美国郊区化的情况愈演愈烈：除人口外，新的工厂区、办公园区也迁往
郊区，使城市用地规模不断扩张，土地资源浪费严重，这种无限制低密度的城市空间扩展模式被称为"城市蔓
延"，由此产生出一系列社会经济和生态环境问题。在这样的背景下，紧凑、集中、高效的"精明增长"应运而生
——译注。

复杂性工作。在此背景下，目前的重点应放在海洋区划，在一些区域要把海洋空间规划机制作为核心，因为特定行业在这些区域有排他或接近排他的使用海洋空间的明确需求，需要进行严格审查。然而，有一种情况是毫无疑问的，经验表明，如果采取适当的管理，许多用海方式可以彼此共存，而简单分区的方法可能会引起不必要的竞争和用户之间的冲突。例如，这可能引起分区管制的可执行性问题，或有负面的和不可预见的后果，把人类的压力转移到控制力度不够的其他地区。这种现象有时也被称为交替式，世界许多地方已详细制定绿化带和其他规划予以控制。事实上，单一区域内的海洋多功能类型可能多于陆上情况，因为它经历了更明显的时空变化（每日、每月、季节性等），相对向陆地发展的情况，人类用海活动可能发生在不同位置的水体，也可能不固定于一个特定的位置，所以活动范围可能会更大。海洋环境比陆地环境相对稳定也支持了这一观点。通过建立基于标准的规划政策和逐案决策以及有针对性的管理措施来实现多功能性是海洋规划的重要特征之一，这种通过分区实现隔离的情况相对陆地而言可能发挥更少作用。当然，解决这些问题的有益辩论似乎是可取的。探讨低密度与高密度、分散和集中模式的海洋开发以及其他潜在的空间形式的优点并非没有价值。有必要用更简单的语句描述高层次目标（如专栏 2.1 所示）从而更准确地理解什么是可持续的用海模式。直观的说，由于社会、经济和环境原因，促进土地高密度集约发展的现有模式似乎同样适用于海洋，但是这也需要进行严格验证。

专栏 2.1　有关海洋规划和管理高层次目标的例子

"促进和平利用海洋，公平和有效利用海洋资源，养护生物资源，以及研究、保护和保全海洋环境。"（联合国，1982，《联合国海洋法公约》序言）

"支持可持续、安全、高效、有益地利用海洋、我们的海岸和大湖，包括那些有助于经济、商贸、娱乐、保育、国土和国家安全、人体健康、安全和福利的活动。"（白宫环境质量委员会，2009，p7）

"海洋环境是珍贵遗产，必须加以保护、保育和恢复，以维持生物多样性，提供干净、健康、富饶的多样化和有活力的海洋为终极目标"。（CEC，2008B，p3）

"清洁、健康、安全、富饶的和生物多样化的海洋"。（Defra，2009，p3）

第三点，可以说关系到未来"理想"的海洋环境的最重要考量将是气候变化的影响，就像它正在成为决定未来土地发展模式的关键。然而，在世界面临人口快速增长的情况下，我们是否清楚碳意识规划对海洋开发利用模式可能意味着什么？与以往情况相比，它可能明确提出完全不同的海洋规划和管理的目标与方法。这当然需要具有前瞻性、预规划的方法，该方法需要积极认可和接受生物物理和人类变化的必然性。

由于对保护甚至恢复海洋区域生态完整性的关注可能会强化海洋生态系统的重要碳捕获作用，因此，海洋很可能是未来实现低碳化的重要区域。例如，呼吁扩大海洋可再生能源、海洋水产养殖和在海底设置碳存储，这从前文提到的欧盟海洋政策的引证中显而易见。减缓和适应气候变化产生的困难预示着未来几年陆地和海洋规划将不可避免地被紧密结合在一起。就此可以设想，与陆地环境"理想"属性（例如，公众对风电场选址的态度）相关的想法很可能显著影响海洋的最佳用途和环境质量。正如它关系到陆域发展一样，完善我们对低碳、零碳和碳益①的理解可能对海洋更重要。

2.3 建立海洋规划与管理的过程

借鉴关于陆地规划目标的理论探讨一直是规划过程涉及的一项更庞大的工作。随着时间的推移，方法上的显著差异是很明显的，本章难以充分利用这些丰富详尽的讨论。尽管如此，表2.2概述了对海洋规划与管理特别有益的相关理念的重要变化。

表2.2 对理想规划过程主流观点

20世纪初期	20世纪中期	20世纪末期	21世纪初期
规划作为设计过程	规划作为科学过程	规划作为协调过程	空间规划
正在改变的规划范式			
——————————————→			

正如我们已经看到的，在现代城市规划运动的最初几年，陆地规划活动起初被视为自然设计过程，反映出可以追溯到罗马和古希腊乃至更早的历史惯例。建筑和城镇规划是紧密相连的，随着城镇规划艺术的发展，扩大到整个城镇的设计和重构的审美拓展了城镇"艺术"。然而，截至20世纪60年代，由于环境限制和规划编制过程的限制，这种观点饱受诟病。布赖恩·麦克洛克林（Brian McLoughlin）是利用科学惯例以及控制论和生态学推行理性规划方法的先驱。他的著作《城市与区域规划系统方法》（McLoughlin，1969）提出，市区和毗邻区域应视为活动和空间的复杂系统，是相互关联的、动态的，一个地方变化将影响其他区域。因此，麦克洛克林认为，规划应包括系统分析和控制的合理和持续过程，通过广泛的信息收集和建模重点了解市区动态，制定适应性和灵活性的规划，引导朝预期方向发展。这不是一个蓝图，也不是全面恢复和规划初期的设想。作为科学而非艺术，规划过程的这种理念具有一定的影响力，尽管它不能完全取代传统艺术，但它被陆地规划者广泛采纳，特别是那些从事更具战略意义尺度的规划，而且它至今仍然是有影响力的。那么按逻辑顺序构建规划过程模

---

① 碳益即碳储存高于碳排放——译注。

型：调查、分析、考虑替代方案、规划定稿、实施、监督和审查。然而，这种思维反过来受到严格而广泛的批评。最根本的是，这反映了从现代主义哲学思想到后现代主义的根本转变，质疑了公正合理性的概念。然而，在我们继续讨论这一理念之前，需要把精力放在一个特定合理的规划范式本身范围内，这与当前的海洋规划和管理讨论是一致的。

合理的规划过程后，随之而来的是一个全面性的挑战。为做出理性决定，必须获得并仔细分析城市（或海洋）系统许多方面的详细信息，应以严谨的态度进行评估可能采取的替代方案的结果和优点。然而，正如查尔斯·林德布洛姆（Charles Lindblom，1959）和许多人所认为的，大部分规划面临着时间和资源的有限性、目标的合理性和全面性，取而代之的往往是零碎而渐进的机会主义和务实过程，这被林德布洛姆称为"脱节渐进"。阿米泰·爱兹奥尼（Amitai Etzioni，1967）提出的混合观测之说回应了林德布洛姆的分析。例如，这需要区分战略决策与更详细的业务性质。这就产生了海洋空间规划应建立在哪种层面的问题以及在该层面上确保规划有效运作所采取的过程、数据和方法。

然而另一种思想学派已经出现，他们对相关性和合理、全面而渐进的规划方法的恰当性提出了质疑。尤其是复杂性理论已被用于强调动态的、开放式的环境系统和周围的"邪恶"和"混乱"的社会生物学问题产生的固有的不确定性。这种辩论需要注意科学知识的限制，以及对未来的条件和措施的无法准确预测（Trist，1980；Dryzek，1997）。因此，许多领域的空间规划合理性和全面性的研究可能是不现实的（包括陆地和海洋规划），至少是非常有限的，在"不确定的年代"，应用这种规划模式产生了更多的试验错误（Christensen，1985；Briassoulis，1989），控制风险，采取长期适应可能更合适。有趣的是，这些结论在第 1 章生态系统方法的原则中有所反映，其中第 9 条原则强调了认识变化的重要性，其实施导则第 3 点强调了适应性管理方法。

尽管对于规划过程的本质存在观念上的明显分歧，但是从上述艺术和科学角度的讨论却存在一些共同点。它们都认为，通过运用专业知识和技能，规划者可以作为一个专家做出公正判断，能够代表广大公众确定环境建设的理想样式。伴随着对现代主义的全面抨击，后现代思想得以建立，规划过程的公正或价值中立理念已越来越受到质疑。例如，与传统的科学概念不同，有人认为规划不是一个简单地解释世界的描述过程。这通常是规定性的行为，把保护或改善环境的目的以某种方式植入人的头脑中。泰勒（Taylor）对评论进行了很好的总结。

> 规划工作面临的首要一类问题是最应该做什么，这类问题的核心是价值问题。城市规划这个词在通常意义上并不是一门科学，因此，把规划定义为一类评估性或规范性活动更为准确。再者，鉴于城市规划可以显著影响大批人的生活，不同的个人和团体在不同的价值观和利益的影响下对环境如何进行规划也有不同观点，因此，规划也是一个政治活动。（Taylor，1998，p83）

上述分析的结果导致在 20 世纪后期出现了一种关于规划者和规划过程的新观点。新观点并没有取代前文所述的规划是艺术和科学的过程的观点，反之，新观点与其并驾齐驱，而且加以调和。新观点将规划者视为不同利益之间的沟通者和调解者，将规划过程视为谈判过程，目的是促进沟通或协同行动。在吸收哈伯玛斯沟通行动理论（Habermas' theory of communicative action, 1984）的基础上，希利（Healey, 1997）、格伦因斯和布赫（Innes and Booher, 1999）等在规划范畴内建立起了规划新方法，承认存在多种观点，强调在建立公正、健全和可实施的规划战略上达成共识的重要性。赞成这种方法的论点不仅越来越认同关于规划过程存在各种极其不同的观点，而且不断深入地认识到，包括市区重建、气候变化、流域管理和可持续发展等涉及的规划问题的复杂性，强调需要跨越传统的部门和领域分野，开展联合和综合的规划行动（Cowell and Martin, 2003；Watson, 2004）。该过程有时也被称为状态的"空洞化"，在有些国家这是推动这种观点的附加因素。它见证了国家作用的转变，即从作为提供直接服务的引导者到授权者，操控、委托或鼓励他人以其名义从事更复杂的"管理"措施。这些团体密切参与决策过程，因此，是实现公共政策目标的关键。在这种情况下，简便、沟通、合作和倾听技能被认为是规划者的关键特性。哈贝马斯（Habermas, 1984）的沟通行动理论虽然很好地融入了世界各地的许多陆地规划系统，但沟通的规划观点已被批评为理想主义、潜在的误导性，甚至幼稚。这里的核心问题涉及在决策过程中权力的行使以及无法实现达成真正共识。例如，协作方式并不一定能使最弱方强大，可能只会强化非选举产生的强大利益集团的影响（Watson et al., 2009）。同样，在大多数情况下，规划过程的管控受到国家和政治势力的严格掌控。一些人认为，在民选系统这是正确的，但在自上而下和官僚体制结构中公平的实现开放和真正的共识很难。正因为如此，协同规划的出现显示了一定的优势，但在达成一致性方面，与专家为主导的传统模式相比较，在现实中可能会被证明不够好，甚至更糟。

由于陆地规划已经成熟，这样的辩论不断塑造和重塑了世界许多地方的主流规划过程和最新的典范，可以认为空间规划使是之前的结合体和精华的代表（见图 2.2）。

空间规划的最早定义之一是由 1983 年的《欧洲区域/空间规划宪章》提出的。

> 区域/空间规划给出了经济、社会、文化和社会生态政策的地理表述。作为跨学科的和全面的、朝着均衡的区域发展和基于总体战略的空间地理组织方向发展的方法指南，它也是一门学科、一种管理技术和一项政策［Committee of Ministers to Member States on the European Regional/Spatial Planning Charter, 1983, Recommendation 84（2）］。

上述定义和空间规划的其他定义往往强调两个核心功能，这两项功能把规划过程的科学、设计以及沟通的观点集成到一起（Tewdwr - Jones and Williams, 2001；Heal-

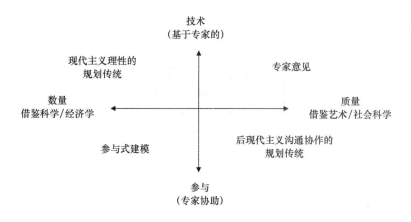

图 2.2　包含在空间规划中的规划过程惯例

ey，2004；Schön，2005）。首先，空间规划的重点是了解和指导某个地区实现经济、社会、文化和生态的宏观目标的空间组织，其中包括满足当前和未来对布局、质量和兼容、静态地理因素愿景（如自然资源、住房、就业用途、关键的基础设施、社区设施等）以及不同用途和地区之间的动态要素（经济、社会、地理环境）等的关注。特别是在更具有战略性的层面，至少在一定程度上，空间规划发扬了一种科学、系统影响和以证据为基础的规划方法。在地方一级，它也是城市设计和空间布置艺术的延续，甚至是一种振兴。其次，空间规划涉及实现政策的连贯性、赢得对空间发展模式具有一定影响的部门和利益相关者对规划的支持，因此，空间规划采取了广泛的沟通和协作的规划思路。但是，全面综合是这些特征的共性，如表 2.3 所示，它包括有助于塑造规划过程的各个方面，从规划范围和构想的最初阶段到实施、监督和审查。

表 2.3　空间规划整合框架

部门层面	跨部门整合	集成不同的公共政策领域
	机构间整合	集成公共、私人和志愿部门的活动
区域层面	垂直一体化	不同尺度的规划和管理活动之间的整合
	横向一体化	毗连地区或利益共享地区间的规划和管理活动的整合
组织层面	战略整合	规划和管理战略、计划和措施的整合
	操作整合	所有相关机构供给机制的整合
	原则/利益相关者的整合	整合不同学科和利益相关者

图 2.3 列出了正式过程，按照这个过程，英格兰正在编制新的地区空间规划。图中着重强调了信息收集和分阶段的、合理的决策方法。同时，强调将整个社区作为全程的一个重要角色符合沟通和协作的规划观点。密切监测更广泛的背景和与规划相关的产出指标也同样符合沟通和协作的规划观点（ODPM，2005）。这不只是规划发展时

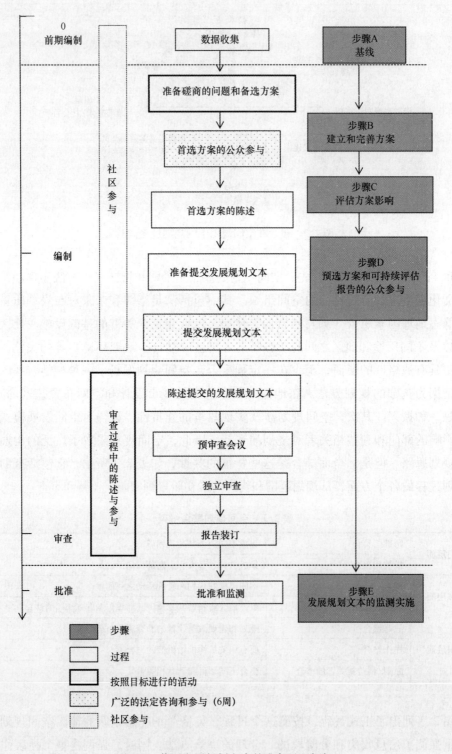

图 2.3 英国发展规划文本的准备过程框架

期的特征，也是随后实施阶段的特征，以便支撑规划调整和评估所需信息。

图 2.3 中强调了连续监测，反映出对陆地规划在实施上考虑不周的频繁批评。由约翰·弗莱德曼（John Freidmann，1967）开创，普雷斯曼和威尔达夫斯基（Pressman and Wildavsky，1973）及其他人不断发展的实施理论（Implementation Theory）强调，在规划编制的最初阶段要充分考虑规划实施的重要性，因为没有实施能力的规划是没有意义的规划（Berman，1980；Weale，1992）。此外，该图的重要意义在于提请注意，规划者不仅仅要参与规划编制，重要的是在规划中还需要通过行动计划、各种战略或者通过缓慢、渐进、典型的但非常重要的决策过程，诸如个体许可或开发控制决策，保证规划目标的实现。虽然发展规划的类型有所不同，但在许多情况下，它们可能本身不会对个人恰当的发展建议给出明确的答案，因此，价值判断必须根据具体案例信息，包括任何公众咨询过程中的结果。这就是为什么许多陆地规划系统在进行这种类型的决策时采取推选代表参与规划编制的做法。

在结束陆地规划过程的讨论之前，进一步说明规划实践变化的问题很重要，因为这对海洋规划和管理的发展具有潜在的重要意义。上文提到的许多思路和辩论早已延伸到全世界，但地区层面的解释却大有差异。这种差异是欧盟地区特别关注的焦点。在欧盟地区，采取不同方法开展陆地规划可能是欧盟自由市场失真的特性之一，而且成为影响整个欧盟地区实现地区均衡发展目标的因素之一。在欧盟内部，各种研究项目展现为各自不同的"规划家族"景象，反映出成员国在法律和行政传统上的差异。

图 2.4 形象地说明了这一点。

那么海洋规划和管理可以从陆地规划过程的相关辩论中借鉴什么呢？这可以用 3 个例子来说明。第一个实例涉及海洋规划过程的性质问题以及科学、沟通/协作与设计/艺术投入之间的平衡。时至今日，可以公正地说，与土地规划不同，海洋规划主要建立在科学基础上。如表 2.4 所示，目前在世界各地许多海洋规划项目都受到研究机构或政府部门强烈的环境/生态恢复意识引导。因此，科学的规划方法的地位如此突出就不足为奇了。

表 2.4　一些重要的海洋活动及其领导主体

活动	领导主体
澳大利亚海洋生物区计划	澳大利亚环境水利遗产和艺术部
北海比利时部分的空间结构规划	比利时根特大学海洋研究所海洋地质和海洋生物的雷纳中心
德国北海和波罗的海空间规划	德国联邦海事和水文局
巴伦支海罗弗敦区综合管理计划	挪威环境部
英国海洋和海岸带准入法	英国环境、食品和农村事务部
大海洋管理区综合管理规划	加拿大渔业和海洋部
美国马萨诸塞州海洋规划	美国马萨诸塞能源和环境事务部
中国领海的海洋功能区划	中国国家海洋局

资料来源：UNESCO（2010）

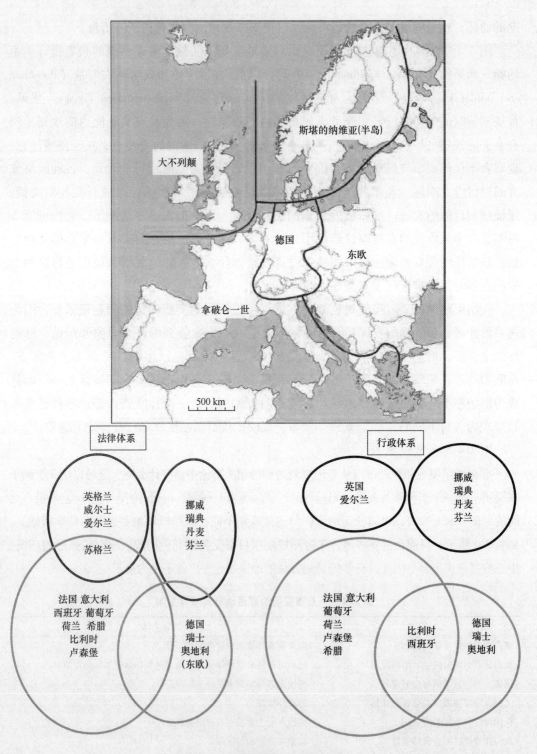

图 2.4　欧洲的法律和行政体系

然而，在许多实例中有明确证据支持沟通/协作方法。这反映了广泛的认可，即公众支持对有效实施海洋规划和海洋规划措施非常重要。例如，美国白宫环境质量委员会最近颁布了沿海和海洋空间规划导则，内容如下：

> 海岸带和海洋空间规划的制定和实施要确保连续而广泛的透明度，包括合作伙伴、公众和利益相关者，以及受规划过程影响（或潜在影响）和缺少服务的社区。（White House Council on Environmental Quality，2009，p7）

这表明，简化、沟通和调解能力是海洋空间规划者或支持海洋规划团队的专家的技能特征。

虽然，有实例说明艺术视角在某些方面对海洋规划过程有所贡献，但目前的证据还难以证明这种视角是海洋规划过程中不可或缺的。其中实例之一是威尔士农村理事会（Countryside Council for Wales）开展的工作，威尔士通过从陆地景观评估中获得的经验评估了海洋景观发展的相对敏感性（CCW，2010）。随着海洋开发规模的扩大，在海洋规划活动中关注空间布局将越来越重要。各种艺术元素的注入也可能有助于促进重要利益相关者和社区参与海洋规划。与陆地规划的情况相当不同的是，选出的代表、主要利益相关者和一般公众可能对海洋环境的自然属性、规划和管理要解决的问题不甚了解。可视化和艺术解释技术开始用于鼓励公众参与、景观变化规划（Miller et al.，2010）和其他规划内容，这在海洋规划中也被证明具有重要作用（North Kent Local Authority Arts Partnership，2010）。除此之外，人们越来越认识到，对历史内容的分析可能有助于认识过去的海洋区域生态，这可能是海洋空间规划定性数据的有用信息来源（如 Robinson and Frid，2008），因此，即使是历史学家也可能在海洋规划小组中发挥作用。鉴于此，正在进行的对于有效海洋规划和管理所需的科学、沟通和艺术技巧的适当组合讨论，似乎是理所当然的。

其次，上文关于陆地规划进程的简短讨论明显说明，实施很关键，在开展海洋规划和管理措施时需要给予适当的关注。但是弗莱德曼（Freidmann）在 20 世纪 60 年代后期对陆地规划的分析适用于当前的海洋规划是值得论证的。尽管海洋规划筹备过程备受关注，特别是在确保其科学的严谨性和公众的合法性方面，但是对规划未来实施的关注度还远远不够。因此，海洋规划内容和要求人类按既定方式用海的效能之间往往存在差距（Hinds，2003）。不止于此，有一种基本的假设是海洋规划者支持的重要事项才是规划的关键。显然，这是一项重要的任务，考虑到许多领域规划缺失的情况，这一点当然值得优先考虑。不过，认为只要制定了规划，规划任务就完成了，或规划的后续监管只是简单易行的任务，这样的假设是错误的。陆地规划的经验表明，规划机构往往需要在实施过程中发挥带头作用，通过积极的、直接的行动方案来引导按照预期方向发展，进一步思考这些方案的内容以及如何提高其成效似乎是有益的。同样，海洋许可、开发控制（有时称之为开发管理）和执法行动对于规划决策来说，不应该被视为是次要的。关于这些活动的要求和参与过程的讨论值得多加关注，因为这才是海洋规划的"实质"，在这里规划的理念付诸实施。从本质上讲，规划过程必须要紧密结合政策措施、发展规律、监测和评价，以便创建海洋环境的综合治理制度。

第三，进一步探索不同海洋区域的法律和行政传统很重要，所以，新的海洋规划布局都要经过精心调整来适应当地环境。即使在欧盟这样小的范围内，陆地规划体系也存在巨大差异，说明应谨慎对待海洋规划的总体布局，而且，海域和陆域的现有责任模式存在相当的敏感性，特别是需要跨越国界协作编制海洋规划时。不同国家在协作的基础上联合起来努力实现共同的目标，这种协作很可能通过立法（如《水框架指令》、《海洋战略框架指令》）在欧洲得以发展。这些都要求在海洋环境中使用通用的标准和方法实现统一的目标。世界其他地区可能不得不转而依靠更微妙的《生物多样性公约》（CBD）和《联合国海洋法公约》（UNCLOS）的总体驾驭力量。下面关于目前英国建立海洋规划布局的讨论足以说明上文阐述的许多观点。

2.4 英国海洋空间规划的起源

英国海洋空间规划的方法可以说受到四个经验来源的影响：英国陆地规划、国际海洋规划实践、现有的规划海上活动的部门方法以及国际和国家海洋政策的发展。

正如本章前文所述，英国陆地规划立法根源可以追溯到 20 世纪初，而且建立了完善的机制，确保个人发展建议（包括使用权变更和所有权的发展）的社会、经济和环境影响获得评估。这也成为公认的社区职责，通过选举产生的地方政府来对这些建议行使决策权。综合发展规划为决策提供了支持，由地方制定，但要符合国家和地区政策中的国家目标和标准。为确保连续性和公正性，由中央政府代为管理的上诉制度支持规划过程允许公民个人和土地所有者以开放的方式对决策提出质疑。因此，制定英国海洋规划制度可以借鉴丰富的陆地规划和决策经验。然而，对海洋领域而言，这需要做出重大调整。

国际海洋规划方面的经验各不相同，而且具有特定的文化属性，这与相关国家特有的政治、社会和历史因素有关。然而，英国海洋空间规划——《爱尔兰海试点计划》（MSPP Consortium，2006）却认为评估现有海洋规划活动将大有裨益，并专门审视了澳大利亚、北美、新西兰、欧洲、斐济和菲律宾的经验。其研究结果表明，许多措施仍处于发展的初级阶段，在很多案例中，与规划实施相关的实际问题仍在商讨解决中。这也是其最新成果得出的结论（如 GHK Consulting Ltd，2004）。评估结果还显示，该活动主要与海洋保护区和海洋保育区的建立有关。因此，倾向于把保护目标置于利用目标之上，并重视对人类活动采取额外的管理措施，以此来支持保护目标的实现。尽管有观点认为经验为过程中的事项和保护区的细节管理提供了有益指导，但对于高度城市化、集约用海的英国而言，在指导综合的海洋规划方法方面，经验往往助益较少。因此，可以得出结论，应谨慎看待评估结果，不应假定其他地方的经验可以直接应用于英国。

英国一直打算采取综合的海洋规划方法，涵盖所有领海和未来的经济用海管理，并尽可能保护环境和历史资源。英国在这方面的做法在国际范围内都是非常雄心勃勃的。此外还必须处理权力下放的威尔士、苏格兰和北爱尔兰政府与中央政府所保留的权力之间的责任不同的问题，这些问题交织产生了行政管理上的复杂局面（见图 2.5）。

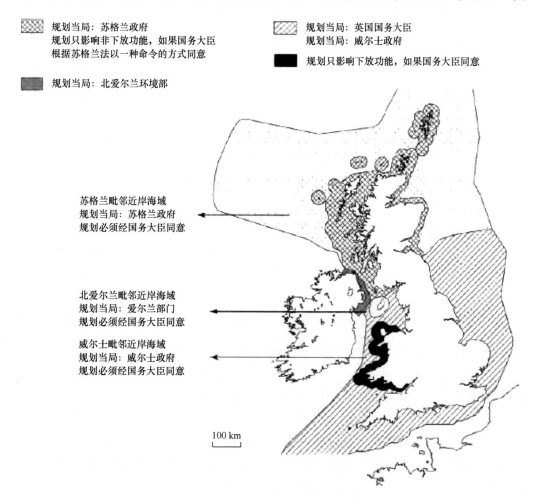

图 2.5　英国海域的海洋规划

此外，新系统不得不围绕已经建立的政府部门开展海洋规划布局。多年来，涉及海域使用和海洋管理的不同经济和环境部门已经形成了规划未来英国海洋空间的不同方法。这导致了区域用海方式先后次序复杂混乱的局面。例如，可再生能源曾是一个重点关注的领域，而且需要确定由英国皇家资产管理局（the Crown Estate）探查过的离岸风电场区。其他部门已结合本部门需求制定了政策，这些部门包括渔业、海洋集料①、港口和航运、石油和天然气、水产养殖。上述各部门均要求开展环境评估，这说明很难在决策中将一个个活动区域划分出来，也说明孤立政策导致了重复劳动；鉴于此，采用综合的规划方法不仅更加理性而且高效。《2009 年英国海洋和海岸带准入法》是迈向综合发展的重要一步。尽管夹杂着一些基于部门的规划因素，包括对构建基于环境标准的海洋保护区网络的要求，但它在新法律框架中占有一席之地，应该根据生态系统方法的目标对英国海域的海洋规划和管理做出重大调整。

《海洋和海岸带准入法》说明，在过去 10 年中，英国政府不断提高了认识，即认识到现在有必要采用更加综合和可持续的海洋管理方法。这种认识已经得到了《保护我们的海洋》发展研究报告的支撑（Defra，2002）。此外，英国一直响应联合国和欧盟在海洋管理方面的号召。例如，20 世纪 90 年代的《奥斯陆－巴黎公约》（OSPAR）呼吁应对有害物质、富营养化和生物多样性等重点主题领域面临的风险，而《生境和鸟类指令》则已经引导建立了欧洲海洋保护区网络（Natura，2000）。同样的，《共同渔业政策》、《水框架指令》、《可再生能源指令》、《战略环境评价指令》都为发展海洋规划系统提供了动力，综合了所有竞争者利益以及对有限海洋资源的需求。《奥斯陆－巴黎公约》（OSPAR）和第五届北海会议委托英国和其他国家开展海洋空间规划，2008 年通过的《欧盟海洋战略框架指令》（MSFD）要求成员国应实现管辖水域"良好的环境状况"。《欧盟海洋战略框架指令》明确，海洋规划是成员国可以实现良好生态状态（GES）的工具之一。尤为重要的是，《欧盟海洋战略框架指令》要求良好的生态状态应在海洋区域层级（而不是一个成员国的国家水域）进行评估，所以隐含这样一种期望，即一定程度的跨边界合作和相互支持将变得越来越重要。

2.5   2009 年英国海洋和海岸带准入法

《英国海洋和海岸带准入法》起源于以《海洋管理报告》为开始的一系列报告（Defra，2002）。《爱尔兰海试点计划》（MSPP Consortium，2006）对英国海洋规划的发展做出了重要贡献。除了评估国际经验，该研究还模拟爱尔兰部分海域海洋空间规划的结果（包括规划成果和利益相关者参与），提供了一个区域海洋层级规划文件模板，该模板已经被英国其他地区和欧洲所借鉴。

继 2006 年出版的一份咨询文件和《海洋法白皮书》（Defra，2007）之后，《海洋

---

①   海洋集料（marine aggregates）是指沉积在内陆架上的砂和砾石的总称——译注。

和海岸带准入法》终于在 2009 年 11 月获得批准。除引进沿英国海岸线的海岸准入走廊的建议外，该法的组成与较早版本的文档一致。

该法的关键要素如下。

- 建立海洋管理组织（MMO）；
- 在英国周边设立专属经济区；
- 确定海洋规划过程；
- 修订海洋许可证制度；
- 建立划定海洋保护区的程序；
- 引入针对渔业的一系列措施，包括由近海渔业和保护局取代海洋渔业委员会等；
- 执法过程和权力的现代化；
- 改善公众对英国海岸线的使用权。

考虑到本章的主旨，海洋规划将是重点，但海洋规划的实施离不开法律的其他方面，特别是许可、保护、实施、海岸带准入以及海洋管理组织（MMO）在开展规划编制、许可和实施任务时所发挥的关键作用。

在英国海域进行海洋规划旨在实现海洋资源的经济和保护双重目标。过去的部门方法未能根据英国高度城市化的特征对英国海洋环境提供足够的战略管理，巨大的人类压力导致英国海洋环境退化。《海洋和海岸带准入法——政策文件》（Defra，2009）概括如下。

> 从本质上讲，海洋规划是一个能提请我们对利用和保护海洋资源方式以及不同活动间相互作用掌握主动权的过程。规划将创建一个统一的和基于证据的决策框架，并通过广泛的公众参与赋予每个海洋利益相关者塑造如何管理海洋环境的机会。

该法规提出要出台全英国海洋政策宣言（MPS）。宣言将为海洋规划政策、如何实现可持续发展以及设置优先权提供支撑，这些优先权将在英国不同海区规划主管部门制定的一系列海洋规划中详细阐述。这些机构实际上是海洋管理组织（MMO）和威尔士、苏格兰和北爱尔兰的权力派出机构。考虑到各权力派出机构关于海洋规划编制方法的多种意图，协商达成一致的海洋政策宣言面临挑战。

规划当局咨询专家后将确定每项规划的合适范围（Defra，2009）。尽管英国海洋规划数量将不断增加，但其他地方，如苏格兰，将首先制定全海域的一揽子战略规划。

海洋规划的筹备是前期要考虑的事项，其结果（见图2.6）在很大程度上要归功于陆地规划的经验（参见图2.3做对比）和海洋空间规划报告——爱尔兰海试点计划（MSPP Consortium，2006）。英国陆地规划和海洋规划的共同特征包括可持续评估要与规划编制并行开展以及利益相关者和社区参与。为此，《海洋和海岸带准入法》规定，在规划决策程序开始前应当发表"公众参与声明",并通过咨询小组获取有关建议,以便实现最佳的持续性参与。在规划获批之前,规划草案必须经过充分协商,这个过程可能还包括独立的建议审查环节。此后,规划编制机关还要开展后监测和评估,视情况做进一步评估、修订或更替。

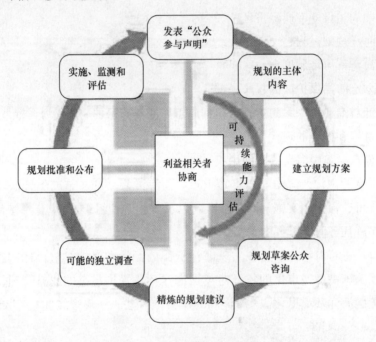

图 2.6　英国海洋规划的准备过程

　　然而,海洋规划不只是编制规划,根据《海洋和海岸带准入法》,颁发许可证的日常工作需海洋管理组织(MMO)和其他机构依据海洋政策宣言(MPS)和海洋规划做决策。以前分散制度下颁发的许可证将被合并为一个许可证,这样一来,对诸如风电场、潮汐能和海浪能发电项目、码头、停泊处、开采和疏浚等海洋开发活动的决策将由海洋管理组织(MMO)负责。凡处于海洋管理组织(MMO)职权之外的新开发活动的权力批准机关,如石油和天然气设施、大型国家重要基础设施项目、航运和影响海洋的陆基活动,必须符合海洋政策宣言(MPS)和海洋规划。海洋管理组织(MMO)在必要区域有执法权力以确保遵守其决定。

　　根据《海洋和海岸带准入法》,以保护珍稀、濒危和典型生境和物种为目的的海洋保育区(MCZ)选址设计,将由国务大臣、威尔士和苏格兰的部长依据自然保护机构(如自然英格兰①)的意见行事,而不是由海洋管理组织(MMO)执行。设计工作直到

---

　　① 原为自然保护联合委员会(Joint Nature Conservation Committee, JNCC),后更名为自然英格兰(Natural England)——译注。

2012 年底才完成，计划目前已经就位，借此通过区域利益相关者项目确定潜在的地点。这意味着设计工作将在海洋规划获批前开展，并在未来规划决策和许可中予以考虑，同时还要考虑其他设计，例如，第三轮海上风力发电许可项目。在这些方面，构建一个完全统一、综合而全面的海洋规划系统还需要一定的时间。

2.6　英国海洋规划和陆地规划之间的关系

需要进一步思考和研究的特殊问题涉及陆地规划系统和海洋规划系统之间的关系。这已在"海洋空间规划——爱尔兰海试点计划"（MSPP Consortium，2006）所遇到的问题中有所体现。这项研究建议应建立海洋规划层级体系，包括非法定规划，如应建立与陆地规划层级体系相匹配的《海岸线管理规划》和《港口规划》（见图 2.7）。在本书写作时，在英国规划体系中，这种匹配层级应包括《区域空间战略》、《地方发展框架》文件和包括海岸带在内的任一非法定规划。

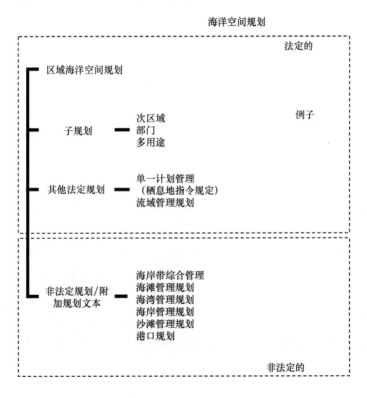

图 2.7　建议的英国海洋规划体系

来源：MSPP 联盟，2006

海岸带综合管理（ICZM）战略也曾用于为协调海岸带划分提供适当的机制，而且英国 2009 年发布的《提高英国海岸带资源管理的综合方法》对此采取了措施（Defra，2009）。到目前为止，尽管没有详细说明陆地、海洋和海岸带规划制度间涉及的界限，但海岸带综合管理建立了重要机制，通过该机制海岸带管理取得了重大进展。

然而，近来立法层面已经针对陆地和海洋做出了共同规划布局。《规划法》（2008）在英格兰和威尔士引入了一种新的国家重大基础设施项目规划制度。根据该法案，申请开展能源生产（包括核能和可再生能源）、管道、储气库、输电、港口、战略性道路和铁路、机场、供水、废水和危险废物而建设的大项目（高于一定规模），将由新的基础设施规划委员会（IPC）根据新的国家政策宣言（NPSs）来做出决定。国家政策宣言将由有关政府部门制定，在批准前，受公众和议会审议。国家政策宣言不仅要根据国家需要公正地提出发展的类型（在某些情况下还要明确选址），而且明确基础设施规划委员会将考虑决定是否给予同意的具体标准。国家政策宣言和基础设施规划委员会的一个主要特点是其职权范围包括陆地和海上，最明显之处在于处理近岸可再生能源和港口以及跨海陆边界的新基础设施，如与沿海发电站相关或连接的防波堤和码头，与近岸能源生产相关的联运轮船。相关联的发展（与建议有联系和必要的，但本身不是基础设施）也将被列入基础设施规划委员会申请范畴。

从概要可以看出，具有众多私营部门和公众支持的英国政府，正在逐步走向覆盖海洋和海陆边界的更加综合的规划和管理框架。然而，要想在这个复杂的司法管辖和责任方面取得进展显然非常困难。虽然更简单、有效而清晰的海洋规划制度正在取得重要进展，但前进道路上的每一步都会产生需要应对的新的法律、行政和政治问题及各种复杂问题。与陆地规划系统相联系确实发挥了有力的引导作用。然而，新的海洋规划体系要最终克服部门规划的传统，并与土地规划获得一致性可能还需要一段时间。同样，在海洋规划的发展历程中，初期系统正面临着管理方面的迅速变化，这种管理甚至在海洋规划刚出现时就要求做出反思和调整。一项重要发展是 2010 年 5 月创建的新保守党自由联盟政府。这预示着陆地规划模式会发生重要变化，包括废除最近创建的基础设施规划委员会和区域规划决策层。这正好说明海洋规划和管理措施要根据管理理念和结构的变化做出调整。同时还强调，尽管条件不够理想，但是仍然需要向着规划好海洋的方向努力。正如生态系统方法（EA）建议的，在应对持续变化和不确定性时，适应性管理方法非常重要，英国的经验表明，这涉及海洋生态系统的自然和人文两方面。

2.7   结 论

总之，本章试图说明在研究海洋规划和管理的人文因素过程中，与土地空间规划紧密联系或许非常有价值，这是生态系统方法的一个主要特点。关于陆地规划目标和过程的理论辩论的发展史可以用于引导对海洋规划目标和规划过程的重要反思。令人鼓舞的是，已经有证据表明，特别是在重要的过程方面，目前海洋规划和管理的确在很大程度上借鉴了陆地规划的实践，尤其在空间规划模式上。然而，在尚未厘清海洋与陆地环境的重要区别、空间规划的发展历程、从很长的规划思想史中吸取复杂概念的情况下，毫无疑义地全盘接受这种范式是有风险的。

　　考虑到海洋规划的益处，就阐述生态评价方法的人文因素而言，陆地规划综述有望对关于规划活动目标和过程的考量可能随时间推移而得到进一步发展这一观点产生更深层次的认识，这正是生态系统方法第 1 条原则的意义。这表明海洋规划和管理的目标并非价值中立，而实际上是社会选择。因此，为了争取达到预期，实现清晰的认识和某种程度的公众共识，需要积极开展辩论和审议。反过来，对陆地规划经验的反思，强调了生态系统方法第 12 条原则关于规划过程中社会参与（包括科学界）的重要性，以及如何强化海洋规划管理团队和决策过程中应具备的技能。同样，它揭示了生态系统方法第 11 条原则的适用性，即鼓励考虑所有相关信息，包括决策中的科学知识和本土知识。也许最重要的是，生态系统方法第 9 条原则指出，变化是不可避免的，并指出这不仅涉及人文因素，而且涉及海洋生态系统的自然因素。有趣的是，这里还强调不仅要绘制人类利用海洋变化模式图，还要有基础的文化、法律、行政、政治、社会和经济标准以及决定这些标准的实践活动。在此背景下，海洋规划活动要做好可能调整的预期，并根据生态系统方法第 6 条原则编制规划和长期目标。海洋空间规划不仅仅是作为决策的思考因素来对变化和利用情况进行识别和描述，或许认识到这一点是极为重要的。空间规划创造性方面的价值也是值得关注的，这种价值在历史上如此突出，不应该被遗忘或蔑视。创造性思维在人类历史上一直非常重要。随着全球人口从 20 世纪 70 年代的 30 亿增长到目前的 60 亿，预计到 2050 年将增至 90 亿，为建立更加可持续的海洋发展模式，既需要健全的科学和想象力，也需要全面考虑生态评价方法的人文因素。

参考文献

Alexander, C. (1965) 'A city is not tree', *Architectural Forum*, vol 122, no 1. pp58 – 61 and vol 122, no 2, pp58 – 62

Berman, P. (1980) ' Th inking about programmed and adaptive implementation', in H. Ingram and D. Mann (eds) *Why Policies Succeed or Fail*, Sage, USA

Briassoulis, H. (1989) 'Theoretical orientations in environmental planning: An inquiry into alternative approaches', *Environmental Management*, vol 3, no 4, pp 381 – 392

CCW (Countryside Council for Wales) (2010) *Seascape Assessment of Wales*, CCW, Bangor

CEC (Commission of the European Communities) (2008a) *Towards a Future Maritime Policy for the Union: A European Vision for the Oceans and Seas*, Office for Official Publications of the European

Communities, Luxembourg

CEC (Commission of the European Communities) (2008b) *Directive 2008/56/EC of the European Parliament and of the Council of* 17 *June* 2008 *establishing a framework for community action in the field of marine environmental policy* (Marine Strategy Framework Directive), Office for Official Publications of the European Communities, Luxembourg

Christensen, K. S. (1985) 'Coping with uncertainty in planning', *Journal of the American Planning Association*, vol 51, no 1, pp63 – 73

Committee of Ministers to Member States on the European Regional/Spatial Planning Charter (1983) *Spatial Planning Charter*, Council of Europe DG1V, Strasbourg

Cowell, R. and Martin, S. (2003) 'The joy of joining up: Modes of integrating the local government modernisation agenda', *Environment and Planning C: Government*, vol 21, no 1, pp159 – 179

Cullingworth, B. and Nadin, V. (2006) *Town and Country Planning in the UK*, Routledge, London

Defra (Department for Environment, Food and Rural Aff airs) (2002) *Safeguarding Our Seas: A Strategy for the Conservation and Sustainable Development of our Marine Environment*, DEFRA, London

Defra (2007) *A Sea Change: A Marine Bill White Paper*, Defra, London

Defra (2009) *Our Seas – A Shared Resource: High Level Marine Objectives*, Defra, London

Douvere, F. (2008) 'The importance of marine spatial planning in advancing ecosystembased sea use management', *Marine Policy*, vol 32, pp762 – 771

Dryzek, J. S. (1997) *The Politics of the Earth: Environmental Discourses*, Oxford University Press, Oxford

Ehler, C. and Douvere, F. (2007) *Visions for a Sea Change: Report of the First International Workshop on Marine Spatial Planning*, Intergovernmental Oceanographic

Commission (IOC) and the Man and the Biosphere Programme, IOC Manual and Guides, No 48, 1OCAM Dossier No 4, UNESCO, Paris

Etzioni, A. (1967) 'Mixed scanning: A third approach to decision making', *Public Administration Review*, vol 27, pp387 – 392

Freidmann, J. (1967) 'A conceptual model for the analysis of planning behaviour', *Administrative Science Quarterly*, vol 12, no 2, pp225 – 252

Frey, H. and Yaneske, P. (2007) *Visions of Sustainability: Cities and Regions*, Routledge, Abingdon

Gallent, N. , Juntti, M. , Kidd, S. and Shaw, D. (2008) *Introduction to Rural Planning*, Routledge, London

GHK Consulting Ltd. (2004) *Potential Benefi ts of Marine Spatial Planning to Economic Activity in the UK*, RSPB, Sandy, UK

Habermas, J. (1984) *Theory of Communicative Action*, Beacon Press, London

Hall, P. (2002) *Cities of Tomorrow: An Intellectual History of Urban Planning and Design in the Twentieth Century*, Blackwell, Oxford

Healey, P. (1997) *Collaborative Planning: Shaping Places in Fragmented Societies*, Macmillan Press, London

Healey, P. (2004) 'The treatment of space and place in the new strategic spatial planning in Europe', *Inter-*

national Journal of Urban and Regional Research, vol 28, no 1, pp45 – 67

Hinds, L. (2003) 'Oceans governance and the implementation gap', *Marine Policy*, vol 27, no 4, pp349 – 356

Ingram, G. K., Carbonell, A., Hong, Y. H. and Flint, A. (eds) (2009) *Smart Growth Policies: An Evaluation of Programs and Outcomes*, Lincoln Institute of Land Policy, Cambridge, MA

Innes, J. E. and Booher, D. E. (1999) 'Consensus building and complex adaptive systems: A framework for evaluating collaborative planning', *Journal of the American Planning Association*, vol 65, no 4, pp412 – 423

ISOCARP (International Society of City and Regional Planners) (2009) *Low Carbon Cities: Review 05*, ISO-CARP, The Hague

Jacobs, J. (1961) *The Death and Life of Great American Cities*, Random House, New York

Katz, P. (1994) *The New Urbanism: Toward an Architecture of Community*, McGraw – Hill, New York

Kidd, S. (2007) 'Towards a framework of integration in spatial planning: An exploration from a health perspective', *Planning Theory & Practice*, vol 8, no 2, pp161 – 181

Lindblom, C. (1959) 'The science of muddling through', *Public Administration Review*, vol 19, pp79 – 88

Luccarelli, M. (1995) *Lewis Mumford and the Ecological Region*, Guildford Press, New York

McLoughlin, B. (1969) *Urban and Regional Planning: A Systems Approach*, Faber & Faber, London

Miller, D., Fry, G., Quine, C. and Morrice, J. (2010) *Managing and Planning Landscape Change: The Role of Visualisation Tools for Public Participation*, Springer, New York

MSPP Consortium (2006) *Marine Spatial Planning Pilot*, MSPP, London

Mumford, L. (1961) *The City in History: Its Origins, its Transformations, and its Prospects*, Penguin, Harmondsworth

Neal, P. (2003) *Urban Villages and the Making of Communities*, Spon, London

Newman, P. and Kenworthy, J. R. (1999) *Sustainability and Cities: Overcoming Automobile Dependence*, Island, Washington, DC

Newman, P. and Th ornley, A. (1996) *Urban Planning in Europe: International Competition, National Systems and Planning*, Routledge, London

North Kent Local Authority Arts Partnership (2010) *Vanishing Shores*, www.nklaap.com/vanishingShores.html, accessed 15 May 2010

ODPM (Offi ce of the Deputy Prime Minister) (2005) *Local Development Framework Monitoring: Good Practice Guide*, ODPM, London

Pressman, J. L. and Wildavsky, A. (1973) *Implementation: How Great Expectations in Washington Are Dashed in Oakland*, University of California Press, California

Robinson, L. and Frid, C. (2008) 'Historical marine ecology: Examining the role of fisheries in changes in North Sea benthos', *Ambio: A Journal of the Human Environment*, vol 37, no 5, pp362 – 372

Schön, P. (2005) 'Territorial cohesion in Europe?', *Planning Theory & Practice*, vol 6, no 3, pp389 – 400

Taylor, N. (1998) *Urban Planning Theory Since 1945*, Sage Publications, London

Tewdwr – Jones, M. and Williams, R. H. (2001) *The European Dimension of British Planning*, Spon, London

Trist, E. (1980) 'The environment and system – response capability', *Futures*, vol 12, no 2, pp113 – 127

UN (United Nations) (1982) *United Nations Convention on the Law of the Sea*, UN, New York

UNEP (United Nations Environment Programme) (2006) *Marine and Coastal Ecosystems and Human Well – being: A Synthesis Report Based on the Findings of the Millennium Ecosystems Assessment*, UNEP, Nairobi

UNESCO (United Nations Educational, Scientific and Cultural Organization) (2010) *Marine Spatial Planning*, www. ioc – unesco. org/index. php? option = com_ frontpage&Itemid = 1, accessed 15 May 2010

Watson, N. (2004) 'Integrated river basin management: A case for collaboration', *International Journal of River Basin Management*, vol 2, no 3, pp1 – 15

Watson, N. , Deeming, H. and Treff ny, R. (2009) 'Beyond bureaucracy? Assessing institutional change in the governance of water in England', *Water Alternatives*, vol 2, no 3, pp448 – 460

Weale, A. (1992) 'Implementation: A suitable case for review?', in E. Lykke (ed) *Achieving Environmental Goals*, Belhaven, London

White House Council on Environmental Quality (2009) *Interim Framework for Effective Coastal and Marine Spatial Planning*, WCEQ, Washington, DC

World Commission on Environment and Development (1987) *Our Common Future*, Oxford University Press, Oxford

第3章 欧盟海洋政策和欧洲海洋经济发展

格雷格·劳埃德（Greg Lloyd），汉斯·D·史密斯（Hance D. Smith），罗达·C·巴林杰（Rhoda C. Ballinger），蒂姆·A·斯托亚诺维奇（Tim A. Stojanovic），罗伯特·杜克（Robert Duck）

本章旨在：
- 检视欧盟海洋政策背景，包括用海方式和区域发展模式以及相应的环境问题和制度；
- 审议欧盟海洋和海洋政策发展历程；
- 更宏观地思考欧盟宪法和政治发展，其中特别关注《里斯本战略》；
- 分析意识形态和政策形成的背景；
- 讨论欧盟发展和海洋政策的内在联系，包括生态系统方法的背景、经济社会变化、环境规划和管理以及海洋政策的效果。

3.0 前言

欧洲经济共同体（EEC）的经济发展是由 1957 年的《罗马条约》确立的，根源开始于 20 世纪 40 年代末到 50 年代初——尤其是 1948 年的欧洲经济合作组织（European Economic Co‑operation）和 1952 年的欧洲煤钢共同体（the European Coal and Steel Community）；随后的欧盟（European Union，EU）可划分为两个较长的阶段，第一阶段从 20 世纪 40 年代后期到 80 年代后期或 90 年代初期，这一阶段形成了共同市场（the Common Market），建立了主要国家管理的欧盟机构，地理范围也扩大至南欧（希腊 1981 年加入、西班牙和葡萄牙 1986 年加入）和北欧（瑞典、芬兰和奥地利于 1995 年加入）；第二阶段（目前仍处于其早期）以 1989 年柏林墙倒塌和随后的苏联解体为标志，这为在 21 世纪前 10 年广大东欧地区入盟铺平了道路。这些标志性的政治事件蕴含着经济意义——在社会和政治发生根本变化的同时，经济发展不断经历着复杂的融合，日益增长的环境压力也随之而来。

正是在这样的大背景下，欧洲经济共同体和欧盟海洋政策以及相关欧盟经济、政治和法律发生着变化。在第一阶段，欧盟和国家层面都没有海洋政策。与海洋有关的政策和管理制度几乎都是部门的，还有一些是东北大西洋和毗连海域的港口航运、军事战略、渔业、海洋环境和海洋科技领域的政府间区域协定。到目前为止，最著名的欧盟海洋文件是《共同渔业政策》（CFP），其灵感来源于1957年到1973年英国、爱尔兰和丹麦入盟期间制定的《共同农业政策》（CAP）。由于上述三国的渔业资源占扩大后共同体的比例最大，这3个国家加入《共同渔业政策》的谈判持续了10年之久。在此期间，渔业资源经历了连续和显著的衰退。由于新型围网捕捞导致的过度捕捞，最为重要的北海鲱鱼捕捞在1977年到1983年之间被禁止，与此同时底层渔业资源持续衰退。

欧盟的第二阶段有3个主要特征。首先是欧盟和各成员国出台了大量环境法律，欧洲的行动加快了实现更有效环境管理的步伐。其中一些如《野鸟、栖息地、城市废水和洗浴用水指令》、《水框架指令》和《海洋战略框架指令》值得特别关注。其次，《哥德堡战略》和《里斯本战略》推动了经济的进一步融合，《马斯特里赫特条约》、《阿姆斯特丹条约》、《尼斯条约》和《里斯本条约》则促进了机构建设。在此期间，英国、法国和西班牙等成员国也经历了较大的政权更迭。第三，核心国家和周边国家的利益产生了分歧，这也对于理解经济和政治变化，特别是以法国和德国为先锋的创造真正融合的欧洲十分重要，而这在不同程度上遭到广大周边国家的抵制。在第一阶段英国加入欧共体时所遇到的障碍、挪威没有加入欧共体、法罗群岛（the Faroe Islands）和格陵兰岛没有加入而丹麦加入欧共体等事例就是这种抵制的明证。

本章旨在检视包括用海方式和区域发展模式、相关的环境和制度等在内的海洋政策内容。重点是在欧盟发展第二阶段期间的欧盟海洋政策。接下来是对《欧盟宪法》和政治发展，特别是《里斯本战略》的进一步思考。随后详细分析意识形态和政治发展的内容变化。最后是对欧盟发展和海洋政策之间的相互关系，包括生态系统方法内容、经济和社会变化、环保管理和制订计划、海洋政策成果等的讨论。

3.1   海洋政策内容

理解海洋政策内容涉及：海域和海岸带使用，区域经济和社会发展，环境影响，政治、法律和制度变迁以及所有这些与海洋政策、统治和管理要素的相互关系。本文将从区域层面回顾这些相互关系。

首先是根据图3.1中基本组的分类考虑各区域的海域使用模式（Smith，1991）。运输和（军事）战略通常定义为空间组织并归并到其余类别。特别值得一提的是港口位置、所有海运线、海军演习地区和水下电缆。这跟即将讨论的经济发展的总体地理模式关系密切。对矿产能源、生物资源而言，定义围绕人类活动以及受食物、材料和能源等资源过度开发影响的海洋环境之间的相互作用。明显不同于第一组，定义特征与自然资源分布模式和其他环境特征有关。对于海洋和陆地分类中，其他类别的分类，主要的定义特征与人类行为和决策过程有关，是与经济发展和环境属性相关的复杂模式。图 3.1 中提及的"仅陆地"主要是指海岸带地区。

			海洋和陆地									仅陆地	
			运输	战略	矿产能源	生物资源	倾废	旅游休闲	教育研究	保护	海岸工程	居住	制造和服务
技术管理	信息管理	环境监测											
		使用监督											
		信息服务											
	信息评估	环境											
		技术											
		经济											
		社会											
		风险											
	专业技术	自然和社会科学											
		调查											
		工程											
		会计											
		规划											
		法律											
总体管理	技术管理协调												
	组织管理												
	政策												
	战略规划												

说明：表头是各类用途。对管理的分类包括使用和环境的物理作用（技术管理）和从人类角度而言与管理有关的总体管理。

与这一表格有关的参考文献是史密斯 H. D.（Smith H. D.，1992）的 'Theory of ocean management' in Paolo Fabbri（ed）Ocean Management in Global Change，London and New York，Elsevier Applied Science pp9 – 38.

图 3.1　海洋和海岸利用和管理

分析区域海域使用，首先要认识到经济和社会发展是确定区域模式的决定因素，上文已经对两个阶段做出了暂时定义。例如，《共同渔业政策》的一项粗放式调查认为，经济因素是渔业发展和某些渔业资源保护政策失败的最主要因素。图 3.2 说明了本研究对欧洲区域的划分。经济中心和广阔而重要的周边海域有着明显区别（Ballinger et al.，1994）。划分区域时考虑的主要因素包括：人口分布、海岸带和内陆居民点；经济活动，包括海陆空交通运输；制造和休闲业（尤其是那些位于海岸的）。如图 3.2 所示，在两个地区的过渡带不可避免地存在一定程度的清晰和模糊。

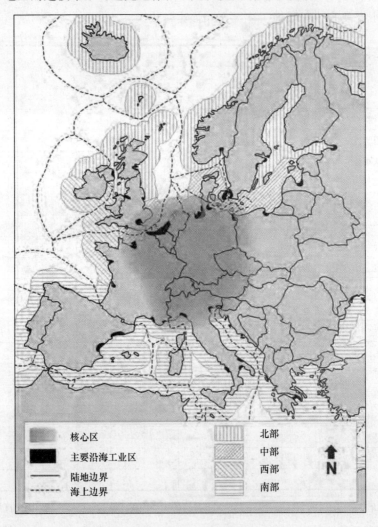

核心区
主要沿海工业区
陆地边界
海上边界
北部
中部
西部
南部
N

图 3.2   欧洲区域海洋发展

　　除了海岸带密集的人口和海洋工程，核心区海洋的主要特征有：众多大型港口，由大河和运河连接的腹地；海岸带密集的工厂和发电厂；海上密集的疏浚船；第一阶段期间形成的众多远洋渔港；以及海岸带密集的休闲产业。所有这些对环境产生了深远影响。相比之下，周围的海洋与包括海洋油气、远洋和底层渔业、养殖业在内的资源开发活动有关。港口、航运业和休闲活动经常集中在某一区域。海洋和海岸带经济往往占主导地位，特别是在斯堪的纳维亚国家及大西洋和地中海沿岸部分国家。正在兴起的《欧盟海洋政策》、《共同渔业政策》和欧洲区域发展基金（ERDF）的活动（如 Interreg 研究计划①）说明了这一趋势。核心区与周边海域，尤其是大型港口城镇外海的利用模式在面积不同的子区域水平上相似。

欧洲海洋和海岸带环境在不同地理尺度上较为复杂。图 3.2 是海岸带的大体分类（Ballinger et al.，1994）。欧洲北部的斯堪的纳维亚半岛、芬兰、冰岛、苏格兰和爱尔兰北部的基岩海岸为大海环抱，形成曲折的海湾和峡湾。中部从英吉利海峡东部沿北海南部到波罗的海南部沿岸是大型河口间的平坦沙滩和障壁岛。阿摩力克造山运动塑造了拥有开阔的基岩海岸和溺湾的西部海岸。欧洲南部是构造活动强烈、多山的地中海和黑海海岸，开阔的基岩海岸和海滩是其显著特征。

海洋反映出沿海地貌类型，这在挪威海（the Norwegian Sea）深海、挪威海沟（Norwegian Deep）以及北部的明奇海沟（The Minches）尤为明显；冰岛沿海陡峭的陆架，法罗群岛（the Faroe Islands）和与西北方向上大西洋洋中脊（the mid – Atlantic Ridge）相连的水下浅滩以及西南方向上地形相似的亚述尔群岛、马德拉群岛和加那利群岛；北海南部的浅海，英吉利海峡东侧和波罗的海南部；凯尔特海（the Celtic Sea）、比斯开湾（Bay of Biscay）和西面的葡萄牙近海；地中海和黑海狭窄的大陆架和深海洋盆。

从生物地理角度看，几乎封闭的波罗的海、地中海和黑海各自形成大海洋生态系。在西面的英国和爱尔兰，北纬 50°到 52°之间的公海上存在着由一个过渡区连接的两个真正意义上的大海洋生态系（Sherman et al.，1993；另见 Spalding et al.，2007）。北面的生态系包括北海，然而从开发和管理的角度看，几乎所有的海岸带和海洋环境都是按照地形地貌术语，并在包括海湾、峡湾的中等尺度上进行描述的，如 100 米以浅海域以及与之毗连的渔业水域——特别是在北欧、大陆坡和封闭海与大西洋和北海的深海海盆，例如比斯开湾（the Bay of Biscay）和挪威海沟。特别值得一提的是它们都具有独特的底栖和浮游生态系统；除利古里亚海（the Ligurian Sea）和南部较浅的亚得里亚海最北端，欧盟核心区域基本上与中部沿海地区和 100 米以浅的海域重合。

厘清海洋政策的利益相关者和相关组织其实并不困难，但分析方法至关重要。首先是经济发展的推动力量，私营部门产业分布在第一产业、制造业和第三产业。自从远洋渔业出现以来，捕捞业多是小型的，而养殖业和加工业多是大型的，甚至一部分还由跨国公司经营。海洋油气业和矿业在很大程度上是由跨国公司经营的。涉及海洋的制造业和相关产业有造船、海洋电力以及石油化工、化肥、钢铁等金属制造等一系

---

① Interreg 意指"区域之间的"（Inter Region），是欧洲区域发展基金资助的旨在支持欧盟区域间合作的共同体倡议。欧盟希望通过促进跨境（cross border）、跨国（trans – national）以及区域间（inter regional）的合作，促进联盟的经济和社会聚合，实现整个联盟平衡、和谐的发展，使国境不再成为阻碍区域发展的门槛。其中，通过跨境合作，促进边境地区的共同发展是 Interreg 倡议最主要的目标——译注。

列重工业。在服务业，港口由国家或私人所有，航运和通信业很大程度上也由跨国公司经营；休闲业则有大型跨国公司和私营企业参与其中。军事和教育领域主要是国家控制，而环境保护则由国家和志愿者团体共同参与。

从大政府管理向广义上的公众参与以及个人、国家和志愿者组织参与的管理过渡，私营部门对北海石油工业的关注为用海者和政府之间通过英国海洋开采者协会（UK-OOA），也就是现在的英国石油和天然气公司（UK Oil & Gas）协调联系开辟了道路。欧洲港口在环境管理中的作用日益显现（Ecoports，2010）。船主倾向于通过咨询、参与和游说活动直接与政府打交道。到目前为止，捕捞业则仍依赖于对国家和欧盟的最常见的游说方式。

在公共服务领域，主要的利益相关者是那些中央政府部门直属的承担具体政策制定和管理责任的机构，特别是在渔业、环境保护以及海洋空间规划领域。地方政府则对倾废、休闲、教育、土地利用规划和一些海洋工程负有主要责任。欧盟在渔业和环境保护、海洋交通运输等有限领域起到有限的作用。

英国和爱尔兰的皇家国家救生机构（RNLI）负责海事安全，而自愿者组织和公民大众则关注自然和文化遗产的保护。特别是在欧洲那些与港口、航运、海军、渔业有关的遗产保护观念强烈的地方。

欧盟海洋政策的作用只是在最近意识到需要统一认识和优先行动才显现出来，而这些则是由《海洋政策》本身和《战略性海洋框架指令》的发展和实施活动引发的。更为重要的是《共同渔业政策》演变和伴随《海岸带综合管理建议》出现的一系列海岸和海洋环境指令。我们正经历着这些至关重要的发展阶段。

3.2　欧盟海洋和海事政策发展

本文需要特别注意的海洋管理要素主要有 3 个。第一个也是应用最广的是政策，包括政策目标、法律条款、财政手段等，由欧盟通过其机构，特别是部长会议和欧盟各总司制定的。有些政策超越了成员国主权，由成员国通过制定政策条款纳入国家法律。目前，最重要的海洋政策是下文将要详述的《共同渔业政策》，目前由负责海洋和渔业事务的欧盟总司管理。第二个要素是由欧洲议会或部长会议制定的指令或规则，其中有些涉及与海洋，特别是海洋环境有关的内容，例如《海洋政策框架指令》。这也需要成员国立法机构的批准。第三个是不具法律约束力，但可被成员国广泛采用并在某一领域发挥最佳管理效果的建议，这些建议可在欧盟和成员国处理欧盟事务中发挥一定的政治影响，最重要的例子是《2002 年海岸带综合管理建议》。

《共同渔业政策》（Wise，1984；Holden，1994）在 1970 年由地处核心区域的 6 个成员国批准，其海洋利益与目前的 27 个成员国相比相对有限。措施包括承认欧共体渔民在各成员国保护的小规模近海传统渔场作业时享有同等权利的协议，还包括水产品共同市场、扶持渔船和陆地设施，即捕捞和陆基工厂化养殖设施的投资政策。1973 年，英国、爱尔兰和丹麦加入后，这一政策变得愈发重要，这 3 个国家的渔业资源占扩大后欧共体的 60%。与此同时，1976 年成员国渔业管理范围也由 12 海里扩大到 200 海里，这导致了 1983 年第一次修订、1992 年部分修订和 2002 年大规模修订等一系列长期艰苦的谈判，2012 年还将完成新一轮修订（EC，2010）。目前，争论的焦点仍在近海渔业管理和《共同渔业政策》最近生效的相关陆地条款。

　　尽管政策越来越细致，大量经济渔业资源却已经衰退或大不如前。例如，20 世纪 60 年代末以来北海鲱鱼围网捕捞造成了严重影响，导致 1977 年到 1983 年之间围网捕捞鲱鱼在北海禁止，对渔业的影响持续至今。大多数底层渔业资源也或多或少经历了连续衰退。在《共同渔业政策绿皮书》出版的 2009 年，约 88% 的渔业资源捕捞超过最大可持续产量（MSY），其中 30% 超过安全的生物学限度，上文所提到的情况因地区而异。

　　目前的政策希望通过恢复和管理规划，将环境因素纳入渔业管理，建立基于自然海区的区域咨询委员会来扩大利益相关者的参与，缩小船队规模，从而常年指导计划中的日间作业条款为代表的技术管理措施，通过限制渔业捕捞强度等手段实现长期的管理。尽管政府提供长期援助和补助，并承担渔业管理全部支出，欧盟委员会发现该政策本身存在缺陷，如船队的规模长期过大、政策目标模糊、决策短视、对产业自身管理决策的授权不够、缺乏政治意愿（EC，2008）。未来可能出现的政策措施包括考虑捕捞个人配额权利转让（ITRs）、加强渔民在决策中的作用和增强区域管理。

　　这些问题的难度不言而喻。在欧洲，渔业处于人类活动对生态系统影响的核心位置，在许多方面无疑威胁到生态系统的稳定。渔业对挪威、西班牙这两个最大渔业国以外的欧洲沿海社区也至关重要。在欧盟内部，欧盟委员会已经通过欧洲渔业区网络（FARNET）体系对此加以确认，并推动渔业地区内的替代性经济活动（EC，2010）。

　　除了 1970 年的欧盟《共同渔业政策》，在过去几十年中也出台了许多与海岸带和海域管理有关的法律和政策，如推动经济社会平衡和可持续增长的《欧洲空间发展展望和可持续发展战略》。这些庞杂的法律文件包括需要采取国家措施的指令，在已有法律框架下实施的规则和促进新的实践和方法的、相对"软"一些的非正式的建议。朗和奥黑根（Long and O'Hagan，2005）指出，这一复杂、分阶段的法律框架以及相关法律制定过程，给综合海洋管理和规划的制定提出问题。然而，虽然这种复杂而困难的局面与通过将指令转化为国家法律的欧盟简政放权政策有关（Brinkhorst，1999；Haigh，1999），欧盟仍然是改进国家或次国家［如最近 Ballinger 和 Stojanovic（2010）文献中提及的 7 个海湾］层面环境管理和规划的主要推动力量。

　　在 20 世纪 70 年代和 80 年代，欧盟早期环境法律局限于污染控制和废物管理等几个领域，仅关注点源污染和保护公众健康，而接下来几十年中增加的条款促使指令的部分内容有所扩大（Jordan，1998）。随后下一阶段的政策逐渐向应对更为复杂的环境问题，处理污染扩散，实施污染综合控制、制定过程标准（Bell and McGillivary，2006），以及通过《栖息地指令》（92/43/EEC）和《生物多样性公约》（1992）保护生态群落（Elliott et al.，1999）。这一阶段也引入了环境影响评价（86/337/EEC 指令和 97/11 修正案）和战略环境影响评价（2001/42/EC 指令）。

1990 年以后，伴随着法律修订和规则完善，环境立法的范围更加宽泛（Jordan，1998），这其中以颇有新意的《水框架指令》（2000/60）为代表（Page and Kaika，2003），此外还有在欧洲农业、渔业和航运政策中逐渐增加的环境条款（Ballinger and Stojanovic，2010）。新的规则、标准和优先事项标志着环境和部门管理体制的形式、过程和目标都发生了重大改变，这反映了与可持续发展和生态系统方法相关的新的范例，从而激发了更为全面的、系统的规划和管理方法（Ballinger and Stojanovic，2010）。1999 年的《阿姆斯特丹条约》要求将环境保护引入社区政策和活动，进一步推动了这一进程（O'Hagan and Ballinger，2009）。然而对欧洲法律实施的最新评估表明，纷繁复杂的法律和政策体系对地方海岸带综合管理和规划造成了明显阻碍（O'Hagan et al.，2005）。

在过去几十年中新出现的政策，特别是与洪涝、气候变化、空间规划、海岸带综合管理（ICZM）相关的政策中，海洋环境和海洋事务内容已经纳入政策框架，从而给传统的环境管理思维和方法以及部门管理带来挑战，要求改变传统上相互分离的现象，强调政策要相互一致、彼此衔接。在海洋空间规划领域，《关于实施海岸带综合管理的建议》（2002/413/EC）、《海洋战略框架指令》（2008/56/EC）、《欧盟综合海洋政策》［COM（2007）575 final］特别值得一提。虽然不具有法律约束力，但前者对欧洲海岸带管理仍具有影响，为实施有效海岸带管理提供了原则，并在《欧洲空间发展愿景》内容中得到体现。《综合海洋政策》强调不同海洋领域的商业机遇，同时通过一系列旨在提高欧盟海洋管理效率和效果的海洋行动，形成管理框架。这些行动包括：《欧洲无障碍海运空间》、《欧盟海洋研究战略》、成员国将制定的国家海洋综合政策、欧盟海洋监察网络、成员国的海洋空间规划路线图、降低气候变化对沿海影响的战略、船舶二氧化碳和污染减排、消除非法捕捞和公海破坏性底拖网、对欧盟劳工法有关航运和渔业部分的评价。

《海洋战略框架指令》对于促进以区域为基础的欧洲海洋环境评价和环境管理意义重大。实施环境评价说明，自然环境和资源管理正在发生潜移默化的转变。这一转变是基于如下重要的前提：①经济可持续发展和人民生活水平不可避免地倚赖于健康的生态系统；②人类是生态系统的一员而非游离其外；③分部门的管理经常难以应对现实世界复杂的关系和众多利益相关者。这反映出对自然环境更为全面的认知、评价和预测，国家—市场—个人之间的联系以及用于理解自然环境对全社会之价值的必要的制度和干预形式。

3.3 《欧盟宪法》和政治发展与《里斯本议程》

20 世纪 90 年代，欧盟迎来了第二个发展阶段，伴随着一系列为应对扩大和整合欧盟职能的宪法修订，欧盟接纳新成员国而逐渐壮大。这些国家在本章前言中已经提及。《欧盟宪法》的修订是通过《马斯特里赫特条约》(1992)、《阿姆斯特丹条约》(1999)、《尼斯条约》(2003)、《里斯本条约》(2009) 等一系列条约实现的。在 21 世纪前十年，欧盟委员会制定的两项战略延续了这一过程，即关于经济、社会和环境可持续发展的《哥德堡战略》和提高经济竞争力和活力的《里斯本战略》或称《里斯本议程》。这两个战略相辅相成。

《里斯本议程》(2000—2010) 旨在提供政策和体制框架，特别是刺激经济增长和增加就业。在生产力低于美国的背景下，欧盟到 2010 年的目标是使欧盟成为全球最具活力和竞争力的知识经济体，有能力保持经济可持续增长，提供更多更好的工作，促进社会和谐和环境保护。该议程结合经济增长与发展、陆地和海洋环境的关系提出了一系列价值、设想和优先议题，其中反映出贯穿议程设计和酝酿过程中的经济竞争的市场原则。正因为如此，欧盟经济社会政策体现了经济动因和对经济内容的重视，旨在制定各种政策动议，通过成员国的采纳实施，应对低生产力和潜在的经济停滞。这是一项携手共进的战略性政策，其中的经济行动框架将有助于弥合欧盟各成员国的分歧。《里斯本议程》设定的宏伟目标预计于 2010 年实现。

《里斯本议程》主要致力于应对经济、社会和环境改善及可持续发展问题，但在实践中，则更倚赖于以创新的经济概念作为发动机，从技巧和适应变化的社会环境和机遇方面，推动经济变革、确保经济增长、提倡知识经济，保证低于欧盟薄弱领域或行业的社会和环境的更新。《里斯本议程》的理念明确指出，要通过促进经济增长，实现更高水平的增长、发展、投资和生产力，实现欧盟整体上的经济独立和活力。然而更为重要的是，《里斯本议程》认识到强劲的经济将实现更多就业，社会和经济政策也将促进经济长期增长。

在很多方面，《里斯本议程》代表了制定空间经济政策的常规方法。它具有自上而下的特点，寻求制定亚欧盟和亚国家层次的行动战略框架，并通过促进整体经济增长，逐渐解决更为广泛的社会和环境问题。英国等欧盟国家在战后早期采取了相同的策略 (Armstrong and Taylor, 2000)。研究人员指出这类受市场影响的政策和制度干涉，正是由于缺乏生态意识，因此，过于强调通过开发自然资源来实现经济增长目标 (Giddens, 1998)。这也许预示了历史是在经济和环境问题的纷扰中不断前行的。

2004 年，欧洲议会和欧盟委员会决定对《里斯本议程》开展中期评估，并于 2005

年 3 月提交欧盟春季峰会。荷兰前首相维姆·科克（Wim Kok）受命于 2004 年 3 月组织对《里斯本议程》及其执行情况的评估。2004 年 11 月，科克报告指出，5 年多来，《里斯本议程》几乎没有取得任何进展，建议重新重视促进经济增长和就业，指出其实施需要成员国采取切实措施，推动必要的经济和体制改革。科克报告最重要的结论之一是"促进欧洲经济增长和就业是欧盟今后的重要任务"。该报告认为目前所取得经济成就难以令人信服，需要改革。改革后欧洲议会要采取进一步措施促进经济增长和就业，但同时也警告发展必须与可持续发展的政策目标完全一致。

2005 年 3 月，针对《里斯本议程》中期评估的对策，欧洲议会提出了"可持续增长和就业是欧洲最紧迫的目标和社会环境发展的支撑"和"设计良好的社会经济政策本身对增强欧洲经济至关重要"的观点，呼吁重新重视增长、创新和就业，并在议程的经济、社会和环境框架内鼓励促进社会和谐及国家和社会资源的流动，并以国家行动计划作为继续落实《里斯本议程》的关键要素来推动经济增长和就业。

在一定程度上，这体现了对经济增长雄心壮志的重新审视，然而，这和经济增长仍是当务之急一样令人怀疑。这可被解释为将经济活动扩大到社会和环境领域。这是对其自身的重要重复，但并不能改变欧洲政策框架的根本价值和利益。欧盟委员会对《里斯本议程》中期评估的 3 点目标反映出：①着重强调"严格优先"，通过《增长和就业伙伴计划》促进经济增长和就业，这一明确的经济议程将由一项欧盟行动计划和成员国国家计划予以支持；②积极支持成员国促进社会和公民享有更广泛政治权利的改革，加快改革进程；③简化、明确和缩短《里斯本议程》进展报告篇幅。

2006 年 1 月，《里斯本议程》在其第一个年度进展报告中，欧盟委员会确定在 4 个优先领域需要采取更多行动。除了再次呼吁加大教育和科研投资、支持中小企业以提高就业率外，委员会还提出一个至今尚未成为《里斯本议程》新内容的政策，即制定欧盟共同能源政策。2006 年 12 月份通过的第二份进展报告在总结中指出，欧盟委员会采取的行动完成了《里斯本议程》规定任务的 75% 左右，例如通过了服务的指令，在金融服务方面取得进展和达成了第七次研究框架计划等。未完成的任务包括养老金的异地兑付、完全自由的能源和运输业以及可更新的欧洲知识产权体系等。4 个领域的行动包括：对知识和创新的进一步投资、降低中小企业行政负担（更好的管理措施详见：www. euractiv. com/en/innovation/better – regulation/article – 117503）、劳动力市场现代化、能源和气候变化等。2008 年 3 月，在欧盟春季峰会上，成员国领导人批准了 2007 年 12 月的欧盟委员会的战略报告，该报告在总结中指出《里斯本议程》提出的政策最终获得了落实。同时，该报告也指出并非所有成员国都有同等的决心实施改革，在能源和服务市场开放、劳动力市场整合等方面的改革甚至是滞后的。该次会议还批准了《里斯本议程》过去 3 年的优先事项，发布了委员会的战略报告，并期望成员国于同年秋天根据修订后的综合指南制定第二轮国家改革计划。

从逐渐开展的《里斯本议程》中可清晰地发现经济的核心地位以及对增长和发展的强调。而有关社会和谐、环境责任和领土公平等《里斯本议程》第一轮审议的议题则被边缘化和显得次要了。强调经济和环境优先地位的这一非常传统做法的含义十分明显——环境成为实现经济增长的途径。事实上,《里斯本议程》推动实现的是和以往一样的缺乏生态意识的市场体制。

3.4　变化的内容：意识形态和政治发展

对在自然环境领域应用生态系统方法的潜力以及主张海洋领域需要基础广泛和社会构建的价值和潜力等的认识并非空穴来风。不可否认的是对干预本质的任何讨论都夹杂着复杂的国家、市场和个人利益。市场经济确立的内容需要认真考虑。根据米洛纳吉斯和法恩（Milonakis and Fine, 2009）对经济理论演进富有见地的研究，吸取市场经济思想和政策张力扩张的显著影响是可能的。对利润的追求、对价格信号和价值的依赖以及对私有权和市场经济的追捧在学界、政界和应用领域对海洋环境的讨论中挥之不去。其实，市场经济内容规定了自然环境的社会结构——它强调特殊的价值并激发了利用、开发和管理的想法。

例如，在对英国 1945 年以来政治宣言的组成要素进行研究的过程中，吉登斯（Giddens, 1998）进行的讨论是恰当和有益的。在对个人通过与社会民主、新自由主义和所谓的第三条道路等有关传统对政治演说的贡献的评价中，他发现了政治思想和政策措施的交替发展。例如，对待政府干预形式以及与市场活动和组织关系的态度存在变化。然而，尽管这期间对政治观点的争论悄然变化，吉登斯所有这些政治意识形态都是基于优先的生态意识和对促进经济增长的强调。不同的是，保证经济繁荣的方法是政府引导、公共支出、市场主导还是合伙。它们共同的特点是从公司、政府和社会的角度，将自然环境看作是经济和物质繁荣的源泉。

20 世纪 70 年代早期，北海石油天然气开发是再好不过的例子。这是在新能源重要性与日俱增的背景下，主要通过国家管理实现的。例如，在英国，建立海洋开发和生产区的新法律应运而生。其重点在于为陆地经济、就业和内陆投资提供石油和天然气资源保障。这需要在海洋和陆上建设新的接收设施、海上石油管道上陆处和海上平台和勘探装置装配场地。与此同时，阿伯丁、苏格兰东北、奥克尼群岛和设德兰群岛成为海洋勘探和开发的中心（Lloyd and Newlands, 1993）。毫无疑问，海洋资源开发、应用新技术开发新的化石能源以及运输和加工所需的大规模建设对陆地造成了一系列潜在影响，海上设施、服务基地、油气码头和管线都对环境造成深远影响（Lloyd and Paget, 1982）。

在该海洋产业发展早期需要政府的积极行动，这反映了政府确立的社会民主价值，从促进经济增长的角度保障公众在自然和海洋环境中的利益。因此，一系列土地利用规划得以实施，并为经济增长创造了至关重要的条件。这不仅用于处理不同国家和地区公众利益诉求之间的紧张和对立（Rowan‑Robinson et al.，1989），也用于平衡海洋资源开发产生经济效益以及对近岸社会和环境影响之间的关系。这种调和自然和海洋环境不同方面的干预措施备受赞誉，并成为英国法定土地利用规划体系不可或缺的一部分（Purves and Lloyd，2008），但实质上仍着眼于开发海洋资源。

这一例证更有力地说明了与吉登斯（Giddens，1998）设定前提的偏离。20世纪90年代末期出现了新自由经济的反对声浪，即综合了基于市场失灵观点的社会民主思潮以及政府未能重塑经济价值的新自由主义观点。然而，正如詹金斯（Jenkins，2006）所指出的，所谓的"综合"事实上是对新自由价值和优先权的再次阐述。事实上，环境思考是从市场角度考虑环境对社会的价值。

时过境迁，尽管市场经济和商业价值对公共政策仍发挥着巨大影响，另一种影响却逐渐浮现。于特（Judt，2010）对这一问题的研究意义重大。他在一篇评论文章中有力地论证了对自身物质利益的追求以及随之而来的集体目标感的缺失。事实上，他认为当代生活对物质和生活质量的追求并非人类与生俱来。许多今天看起来"自然"的事情源于20世纪80年代——如对创造财富的迷恋、对私有化和私营部门的崇拜、贫富差距的日益扩大。总之这种浮夸伴随着对非自由市场的默然、对公营部门的轻视和对无限增长的幻想（Judt，2010，第二页）。他呼吁重新从根本上思考我们的价值体系、国家—市场—民众的关系、制度设计和公私利益的再平衡。这是对重新确立集体利益重要地位和妥善管理海洋环境等公共财富的大声疾呼。

其他证据也说明了人们逐渐认识到需要重新思考社会对陆地和海洋自然环境的理解。《斯特恩报告》（Stern，2006）就是其中一例，它提出重新审视无法控制的气候变化产生的影响和风险，以及各种应对措施的成本和机遇。强调空间管理和规划在未来更为合理安排自然环境中所扮演的角色。本质上，《斯特恩报告》直面高消耗、高产出的经济增长模式所引发的环境问题，以及导致的资源过度开发、环境恶化、全球变暖、温室气体排放和负面生态影响。这一主流的呼吁已不再孤立。英格兰2007年发生大洪灾之后，人们意识到需要通过适当的管理、体制和规划措施减轻和适应类似事件的不确定性和影响（Pitt Review，2008）。

事实上，当寻求促进经济复苏时，这一推理过程也适用于督促政府政策和行动更多考虑环境因素（Bowen et al.，2009；New Economics Foundation，2009）。此外，重视应对气候变化和制定有效的环境政策，比经济复苏更为重要。政府和社会投资绿色设施，例如对防洪和沿海防护工程的投资计划，是一种值得提倡的负责任的方式。

在此，可以关注一下《经济绩效和社会进步措施》贡献，这是欧盟委员会为倡导自然环境的新社会结构而制定的。2008年，法国总统萨科奇委托经济绩效和社会进步措施委员会开展一项研究，审议当代经济社会统计信息现状。该研究对用于制定政府决策和公共政策的统计指标的重要性进行了深入分析，指出需要改进衡量标准以制定更适应现实需求的政策措施，其中明显区分了当前福祉评估和可持续性评估之间的差别。经济绩效和社会进步措施委员会指出，社会进步的衡量标准应当从衡量经济产量转向衡量福祉和可持续性，迫切需要建立纳入更多能够有效评估社会福祉指标的衡量体系。这个体系要将公平（代际和代内公平）问题纳入决策过程，进一步关注环境意识，评价生活质量也要进一步关注感觉和心理指标。这将重塑对精神的看法和土地利用规划体系的目的。最终，土地和海洋空间规划将不再是管理发展的政策工具，而能起到发挥改变社会、经济和环境变化等广义公共利益管理的作用。

《里斯本议程》代表了特殊时期的价值和思考。它清楚地表明了私营经济增长和发展这一流行的观点，并将自然环境和资源放在次要位置——虽然是以另外一种方式表述的。该议程中与可持续发展有关的问题在某种程度上反映了这一点（Hales，2000；Connelly，2007）。事实上，可持续发展有赖于能够反映私营部门利益相关者利益和价值的保护措施（Bunce，2009）。目前，有两个明显的变化趋势。一方面，制定行动政策和议程的经济背景已经发生改变。对经济增长的政治压力异乎寻常，随之而来的是更大规模开发和发展压力对自然环境的威胁。另一方面，逐渐出现了对新的环境敏感的价值体系的需求。环境评价有可能成为行动的补充计划，更合理、更广泛地反映自然环境对社会和社区的价值。然而，目前所需的是经过深思熟虑后谈判、发掘和认真考虑与海洋环境有关的问题（IPPR，2008）。现在需要这样一个政治空间，这将带来更多平衡和理性的讨论，避免在传统的政治过程中变得模糊不清。环境评价应该是寻求改变陆地和海洋自然环境管理的过程，而非简单的替代手段。

3.5　结论：欧盟的发展和海洋政策

在审议《欧盟宪法》和政治发展关系以及欧盟海洋政策演化以后，一些与欧盟自身发展、海洋环境、经济社会变化和区域管理规划等有关的重要问题呈现出来。环境评价的出现为在理论和实践上将环境和发展问题联系在一起创造了机会。

在1990年以后的第二个发展阶段，欧盟加快了扩大（成员国）的步伐，同时通过一系列条约加快了制宪进程，但这一过程在面对国家政治现实时有所放缓。这与推动以《里斯本议程》和《哥德堡战略》为代表的促进经济和可持续发展的互补的政策有关。同时期的政策还包括《水框架和战略性海洋框架指令》、《海洋政策》和《共同渔业政策（修订）》。《共同渔业政策》正进入新的发展时期，而《海洋政策》则刚刚起步。欧盟发展一方面表现为相对连续的经济扩张，经济扩张在2008年经济危机时期达到顶点，另一方面是核心区域和广大的周边海域经济发展差距拉大。

在环境方面，《共同渔业政策》现阶段面临着持续的渔业资源压力和控制捕捞强度的努力，其保护条款总体上是失败的。在 2012 年以后的发展阶段将出现更新颖的方法，包括引入个人权利转移机制（ITRs）和将利益相关者纳入决策的全过程。虽然《共同渔业政策》失败了，但强化和完善欧盟海洋环境法律和各国实施措施等仍取得了长足进步。

在经济社会方面，《海洋政策》的出现具有重要的政治意义，虽然其实施还有待日后观察。这表明，人们对海洋利用和相关资源开发与环境影响之间关系的认识，已不再局限于为实现环境可持续发展而继续实施《共同渔业政策》。与此同时，与沿海社区持续衰退等有关的经济社会变化问题日益增多，其中最重要的是渔业转产，包括转向海洋可再生能源发电和对海上油气开发的不断投资。

在欧盟（De Santo, 2010；Meiner, 2010）、成员国以及北海部长会议、奥斯陆和巴黎委员会等欧盟国际组织内部，实行区域环境管理和相关整合已是大势所趋，明显体现在核心国家采取行动深化包括海洋空间规划在内的海洋综合管理。荷兰在这一领域始终处于领先地位，并将大陆架纳入该国规划范围。英国则通过《2009 英国海洋和海岸准入法》和《2010 苏格兰海洋法》等移交了管理权（Douvere and Ehler, 2008）。英国、德国和比利时等国在这方面都取得了明显进步。

必须强调的是，制宪和相关政治发展在《共同渔业政策》的演化和环境法律制定中发挥了决定性作用，《共同渔业政策》决策过程高度集中，超越了国家主权，而各国环境法律体系对指令有着根本影响。但是，政策本身对海洋管理过程并无特别影响，而是以自然资源和环境，特别是渔业资源为代价促进经济发展的。

在这样的大背景下，环境管理中较新颖的环境评价的观点代表了一个重要的历史发展阶段。它的重要性有赖于构建能够被更广泛应用的新的自然环境管理方法，并有可能由采掘资源产品、拓展服务领域等产生的资本市场价值催生。驱动力本身是短期和以利益为导向的，往往（如渔业）导致了自然资源的过量开发、耗竭以及日后的污染、废物和气候变化等问题。这种通过普通市场开发管理自然资源的做法给社会、社区和土地造成了长期的经济损失，并导致自然环境价格和价值失衡以及因自然资产配置不当而造成的国家—市场—社会关系的冲突和紧张。与此相比，环境评价，虽然还只是概念上的，但从自然和社会科学角度来看有一定的操作难度，却为实现海洋资源的可持续发展和利用、实现人和经济与自然环境相互协调提供了途径。

参考文献

Armstrong, H. and Taylor, J. (2000) *Regional Economics and Policy*, 3rd edition, Blackwell, London

Ballinger, R. C. and Stojanovic, T. A. (2010) 'Policy development and the estuary environment: A Severn Estuary case study', *Marine Pollution Bulletin*, vol 61, pp132－145

Ballinger, R. C. , Smith, H. D. and Warren, L. M. (1994) 'The management of the coastal zone of Europe', *Ocean & Coastal Management*, vol 22, no 1, pp45 – 85

Bell, S. and McGillivray, D. (2006) *Environmental Law*, 6th edition, Oxford University Press, Oxford

Bowen A. , Fankhauser, S. , Stern, N. and Zenghelis, D. (2009) *An Outline of the Case for a 'Green' Stimulus*, policy brief, Grantham Research Institute on Climate Change and the Environment, London, February 2009

Brinkhorst, J. L. (1999) 'European environmental law: An introduction', in N. S. J. Koeman (ed) *Environmental Law in Europe*, Kluwer Law International, London

Bunce, S. (2009) 'Developing sustainability: Sustainability policy and gentrifi cation on Toronto' s waterfront', *Local Environment*, vol 14, no 7, pp651 – 667

Connelly, S. (2007) 'Mapping sustainable development as a contested concept', *Local Environment*, vol 12, no 3, pp259 – 278

De Santo, E. (2010) 'Whose science? Precaution and power – play in European marine environmental decision – making', *Marine Policy*, vol 34, no 3, pp414 – 420

Douvere, F. and Ehler, C. (eds) (2008) Special Issue on the role of marine spatial planning in implementing ecosystem – based sea use management, *Marine Policy*, vol 32, no 5, pp759 – 843

EC (European Commission) (2008) *Green Paper: Reform of the Common Fisheries Policy*, European Commission

EC (2010) https: //webgate. ec. europa. eu/pfi s/cms/farnet/, accessed 15 August 2010 Ecoports (2010) www. ecoports. org. eu, accessed 10 August 2010

Elliott, M. , Fernandes, T. F. , and de Jonge, V. (1999) 'The impact of European Directives on estuarine and coastal science and management', *Aquatic Ecology*, vol 33, pp311 – 321

Giddens, A. (1998) *The Th ird Way: The Renewal of Social Democracy*, Polity Press, Cambridge

Haigh, N. (1999) *Manual of Environmental Policy: The EC and Britain*, Elsevier Science, London

Hales, R. (2000) 'Land use development planning and the notion of sustainable development: Exploring constraint and facilitation within the English planning system', *Journal of Environmental Planning and Management*, vol 43, no 1, pp99 – 121

Holden, M. J. (1994) *The Common Fisheries Policy: Origin, Evaluation and Future*, Fishing News Books, Farnham

IPPR (Institute for Public Policy Research) (2008) *Engagement and Political Space for Policies on Climate Change*, IPPR, London

Jenkins, S. (2006) *Th atcher and Sons: A Revolution in Th ree Acts*, Penguin Books, London Jordan, A. (1998) 'European Community water quality standards: Locked in or watered down?', *CSERGE Working Paper*, WM 98, pp1 – 32

Judt, T. (2010) *Ill Fares the Land*, Penguin Books, London

Lloyd, M. G. and Newlands, D. (1993) 'The impact of oil on the Scottish economy with particular reference to the Aberdeen economy', in W. Cairns (ed) *North Sea Oil and the Environment*, Elsevier, Barking, pp115 – 138

Lloyd, M. G, and Paget, G. E. (1982) 'Resource management and land use planning: Natural gas in Scotland', *Journal of Environmental Management*, vol 15, pp15 – 23

Long, R. and O'Hagan, A. M. (2005) 'Ocean and coastal governance: The European approach to integrated management: Are there lessons for the China Seas region?', in M. H. Nordquist, J. N. Moore and K. Fu (eds) *Recent Developments in the Law of the Sea and China*, Brill, Dordrecht

Meiner, A. (2010) 'Integrated maritime policy for the European Union: Consolidating coastal and marine information to support maritime spatial planning', *Journal of Coastal Conservation*, *Planning and Management*, vol 14, no 1, pp1 – 11

Milonakis, D. and Fine, B. (2009) *From Political Economy to Economics Method*, *the Social and the Historical in the Evolution of Economic Theory*, Routledge, London

New Economics Foundation (2009) *A Green New Deal: Joined – up Policies to Solve the Triple Crunch of the Credit Crisis*, *Climate Change and High Oil Prices*, New Economics Foundation, London

O'Hagan, A. M. and Ballinger, R. C. (2009) 'Coastal governance in north west Europe: An assessment of approaches to the European stocktake', *Marine Policy*, vol 33, no 6, pp912 – 922

O'Hagan, A. M., Ballinger, R. C., Ball, I. and Schrivers, J. (2005) *COREPOINT: European Legislation and Policies with Implications for Coastal Management*, COREPOINT

Page, B. and Kaika, M. (2003) 'The EU Water Framework Directive: Part 2. Policy innovation and the shifting choregraphy of governance', *European Environment*, vol 13, pp328 – 343

Pitt Review (2008) *Learning Lessons from the* 2007 *Floods: Final Report*, *London Purves*, G. and Lloyd, M. G. (2008) 'Identity and territory: The creation of a national planning framework for Scotland,' in S. Davoudi and I. Strange (eds) *Conceptions of Space and Place in Strategic Spatial Planning*, Spon, London, pp86 – 109

Rowan – Robinson, J., Lloyd, M. G. and McDonald, D. (1989) 'National Planning Guidelines: Their role in strategic policy making and plan implementation', in R. Grover (ed) *Land and Property Developments: New Directions*, Spon, London, pp132 – 147

Sherman, K., Alexander, L. M. and Gold, B. D. (eds) (1993) *Large Marine Ecosystems: Stress, Mitigation and Sustainability*, AAAS Press, Washington, DC

Smith, H. D. (1991) 'The application of maritime geography: A technical and general management approach' in H. D. Smith and A. Vallega (eds) *The Development of Integrated Sea Use Management*, Routledge, London, pp7 – 16

Spalding, M. D., Fox, H. E., Allen, G. R., Davidson, N., Ferdana, A., Finlayson, M., Halpern, B. S., Jorge, M. A. Lombana, A., Lourie, S., Martin, K. D., McManus E., Molnar, J., Recchia, C. A. and Robertson, J. (2007) 'Marine ecoregions of the world: A bioregionalization of coast and shelf areas', *BioScience*, no 57, pp573 – 583

Stern, N. (2006) *The Economics of Climate Change*, HM Treasury, London Wise, M. J. (1984) *The Common Fisheries Policy of the European Community*, Methuen, London

第4章 维护生态系统产品和服务的海洋规划与管理

克里斯·弗里德（Chris Frid），杰兰特·埃利斯（Geraint Ellis），柯斯蒂·林登鲍姆（Kirsty Lindenbaum），汤姆·巴克尔（Tom Barker），安德鲁·J·普莱特（Andrew J. Plater）

- 生态系统产品和服务的组成；
- 英国海洋生态系统产品和服务的规模和价值；
- 海洋生态系统在提供有价值的产品和服务过程中的作用；
- 这些过程面临的主要压力；
- 应对这些压力所采取的合适的规划与管理措施；
- 生态系统产品和服务概念在海洋规划与管理活动中的价值。

本章讨论了海洋环境提供的生态系统产品和服务以及海洋规划与管理在将生态系统产品和服务作为重要经济资源加以保护的过程中所发挥的作用。在海洋环境威胁日益严重的情况下，科学—政策相互作用的"新的治理形式"（例如，由欧盟委员会2007年提出的治理形式）是全球海洋环境可持续管理所必需的（Plasman, 2008；Fritz, 2010），并设法向人类社会阐明海洋生态系统的内在价值。本章从思考生态系统产品和服务的组成入手，审议了英国海洋生态系统产品和服务的规模和价值，简要描述了海洋生态系统在提供有价值的产品和服务过程中的作用，逐项列举了该过程面临的主要压力。最后讨论了应对这些压力应采取的合适的规划与管理措施及其在保护海洋生态系统服务中的应用。

4.0 前言

英国《海洋和海岸带准入法（2009）》引入了一种新的海洋环境管理制度，并提出"实现可持续发展"（第1节）的详细目标。这是否充分体现了生态系统管理方法虽然还存在争议（Arkema et al., 2008），但确实表明了保护海洋环境的完整性，以及确保完整性与经济优先发展和其他社会需要相平衡是非常重要的。这个制度和其他海洋管理制度的基本组成部分是理解、重视和保护海洋环境关键要素的能力，这种能力极大地促成了更为广泛的社会经济系统的功能以及海洋和全球生态系统的完整性，其中理论方法研究的基础之一就是生态系统服务的概念。

为此，生态系统可定义为"相互作用的生物群落及其自然环境"（牛津在线英语词典：www. askoxford. com），因此，关键要素是生物有机体、物理（和化学）环境及构成要素之间的相互作用。

生态系统能够提供各种各样的产品（如食物资源）和服务（如废物同化和处理），这些产品和服务可能对人类社会有价值，而不仅仅是维护生态系统功能。事实上，生态系统服务与安全、健康、稳定的社会关系以及人类生存的基本需求（住房、食物等等）等关键问题之间存在必然的联系（MEA，2005）。必须记住，这些都是生物和生物过程与其赖以生存的物理、化学和生物系统相互作用的结果。生态系统是抽象的，是人类指定的单元，不存在也不会刻意提供任何特别的产品和服务。因此，任何生态系统所提供的各种生态产品和服务，无论是岩池还是北大西洋，完全依赖于生态系统中存在的物种及其生命过程。表4.1显示了英国海洋环境提供的各种产品和服务。

生态系统产品和服务在某些情况下是可以直接测量的，但多数情况下并不可能，必须应用预测工具才能得到可信的结果，如应用在大量生物和进化频率测量基础上的模型。出于生态和实践的原因，关于生态功能的考虑必须从理解组成生物群落的生物的特性和作用入手（Bremner et al.，2006）。

应当指出，许多关键的生态系统过程，包括许多主要食物的生产、污染物的分解、营养盐的循环，都是通过微生物进行的。关于海洋环境（或陆地环境）中微生物系统的生态知识是极其有限的。例如，关键酶遗传标记显示了营养盐加工能力的效用，但不能显示酶存在于哪些生物体中，也无法显示生物体对生态系统其他部分的变化所做出的反应。尽管微生物是实际的"行为者"，但他们还是会受到生态系统中更大生物体的强烈影响，而人们对这些大型生物体有更好的了解（Aller，1988；Blackford，1997；Howe et al.，2004）。

自然生态系统与人类社会相互作用的关键属性之一是许多自然生态系统受到扰乱后具有内在的恢复能力，但扰乱必须低于某一阈值，生态系统才能恢复。一旦超过这个阈值，生态系统将被迫进入一种新的状态。恢复能力是生态系统极其重要的特性，意味着能够承受一定限度的人类活动的影响，同时生态系统动力学和生态系统过程不会受到影响，因此，仍然能够分解人类活动产生的废物，或者继续维持人类开发利用资源的活动。某一特定生态系统组分应对有影响的活动的抵抗能力（抵抗力）以及随之而来的恢复能力（恢复力）各不相同，能力的高低取决于物种的生物学特性。这种固有的应对外部和内部胁迫变化的能力及后续的恢复能力往往会存在于未被发现的物种，或因变化或扰乱才发挥出来的作用。这充分体现了未被发现的，甚至是未知的意外（或冗余事件）存在于生态系统内，也许只有在面对压力时才显示和运行，但是这种偶然事件是一个关键因素，有助于防止生态系统的崩溃并提供应对压力的恢复能力。

我们认识到"生态系统"是人类的组成部分，也认识到将生态系统视为一个开放而连贯的系统的利益，但重要的是要认识到海洋生态系统并不提供特殊的产品和服务。不过，在认同生态系统产品和服务的概念时，管理的重点在于要为人类的健康和福祉提供生态系统产品和服务。因此，生态系统方法的重要性，就在于它提供了一种将自然界及其复杂性和固有的变异性进行概念化的途径，强调这一点是非常重要的。更重要的是，生态系统方法体现了连通性、能量流动和物质循环、过程和响应，应对变化和干扰的敏感性和恢复力以及自我调节能力等关键问题。这些问题为管理活动奠定了基础，对于了解海洋生态系统而言是非常重要的。

为便于阐述本章目标，本章将海洋生态系统分为 6 部分，暂时忽略这些生态系统中人类的存在（如人类作为捕食者或污染者的角色）：

（1）浮游生物（主要是微生物，也包括诸如水母和栉水母等漂浮在水中的较大型生物）；

（2）底栖生物（生活在海洋底质表面或内部的生物）；

（3）鱼类；

（4）海洋爬行类和海洋哺乳类（如海龟、海豚、海豹等）；

（5）海鸟；

以前采用这种分类法是为了便于与利益相关者磋商，也是为了易于处理生态系统响应的管理模型（Paramor et al.，2004）。该分类法也构成了近期国际海洋考察委员会（IC-ES）/奥斯陆和巴黎委员会（OSPAR）建立生态系统健康综合指标的基础（ICES，2005，2006）。这些实例制定了评估具体生境和物种重要性的基准。这些基准制定的基础是经济或社会的重要性，包括商业开发的物种（包括直接收获或通过生态旅游间接收获的物种）。这是生态系统服务方法的一条重要准则，它试图以明确的形式体现生态功能的重要性，这些功能对其自身内在价值不一定重要，但对人类生存和繁荣的贡献却是非常重要的（换句话说，就是人类活动产生的重要价值，而不是任何内在的或者非人为的价值，见 Turner et al.，2002）。这样做的目的不是将海洋生态系统不同要素的价值进行简单的货币化，而是作为一种决策工具，并承认应用这种方法时的局限性（例如，Sagoff，1998；Clark et al.，2000）。

4.1 何谓生态功能？

将生态系统产品和服务的重要性用概念的形式表达出来并加以理解是一项重要工作，其重要意义在于，对非专业人员而言，健康和多样化的海洋生态系统的重要性变得非常明晰。因此，生态系统产品和服务可以视为跨学科的交流工具，利用这类工具的海洋科学家可据以与社会学家、管理人员、监管部门及利益相关者开展有效的沟通。该工具的价值在于跨越了学科界限，关注者也不需要了解有关海洋生态系统的自然科学基本原理，因为其中许多意义不明确的话需要一定的专业知识才能正确理解。生态系统"功能"的概念为非专业人员证明了这一问题：

- 功能——有机体在生态系统中发挥的作用。
- 功能——生态系统赖以运转的过程（能量流动和物质循环）。
- 功能——标示生态系统如何为社会提供产品和服务。

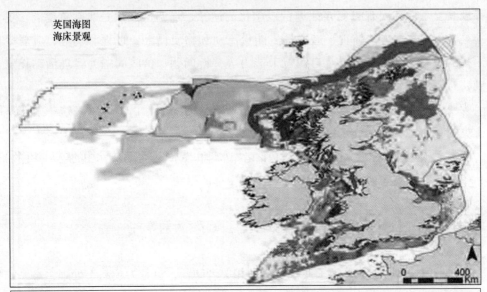

类型（Types）	
潮下带沉积物浅滩（Subtidal sediment bank） 大陆架圆丘或小山丘（Shelf mound or pinnacle） 大陆架海槽（Shelf trough） 大陆坡（Continental slope） 峡谷（Canyon） 深海隆起（Deep ocean rise） 深水圆丘（Deep water mound） 凹痕区（Pockmark field） 潟湖（Lagoon） 河口（Estuary） 溺湾（Ria） 狭长海湾（Sea loch） 海湾（Embayment） 拦门沙沙滩（Barrier beach） 海峡（Sound） 湾（Bay） 冰川沟脊层（iceberg plough – mark zones） 碳酸盐丘（carbonate mound） 透光层暗礁（photic rock） 非透光层暗礁（aphotic rock） 弱潮汐压力形成的浅水粗颗粒沉积平原（shallow coarse sediment plain – weak tide stress） 中等潮汐压力形成的浅水粗颗粒沉积平原（shallow coarse sediment plain – moderate tide stress）	强潮汐压力形成的浅水粗颗粒沉积物平原（shallow coarse sediment plain – strong tide stress） 弱潮汐压力形成的浅水混合型沉积物平原（shallow mixed sediment plain – weak tide stress） 中等潮汐压力形成的浅水混合型沉积物平原（shallow mixed sediment plain – moderate tide stress） 强潮汐压力形成的浅水混合型沉积物平原（shallow mixed sediment plain – strong tide stress） 浅水沙洲平原（shallow sand plain） 浅水泥质平原（shallow mud plain） 弱潮汐压力形成的大陆架粗颗粒沉积物平原（shelf coarse sediment plain – weak tide stress） 中等潮汐压力形成的大陆架粗颗粒沉积物平原（shelf coarse sediment plain – moderate tide stress） 强潮汐压力形成的大陆架粗颗粒沉积物平原（shelf coarse sediment plain – strong tide stress） 弱潮汐压力形成的大陆架混合型沉积物平原（shelf mixed sediment plain – weak tide stress） 中等潮汐压力形成的大陆架混合型沉积物平原（shelf mixed sediment plain – moderate tide stress） 强潮汐压力形成的大陆架混合型沉积物平原（shelf mixed sediment plain – strong tide stress） 大陆架沙质平原（shelf sand plain） 大陆架泥质平原（shelf mud plain） 暖水深水粗颗粒沉积平原（warm deep – water coarse sediment plain） 冷水深水粗颗粒沉积平原（cold deep – water coarse sediment plain） 暖水深水混合型沉积物平原（warm deep – water mixed sediment plain） 冷水深水混合型沉积物平原（cold deep – water mixed sediment plain） 暖水深水沙质平原（warm deep – water sand plain） 冷水的深水沙质平原（cold deep – water sand plain） 暖水深水泥质平原（warm deep – water mud plain） 暖水深水泥质平原（cold deep – water mud plain）

图 4.1 英国海域的海洋景观特征分布

资料来源：Connor et al.（2006），自然保护联合委员会（JNCC）和英国海图基金合作伙伴版权所有（2006）。

　　海洋科学家们可以很容易地领会该专业用语使用的语境，因此，也可以很容易地理解其含义，而从业人员执行政策时就不能做到这一点。这同样适用于冗余和意外事件等术语，这些术语是描述海洋生态系统恢复力的关键要素。

　　实际上，生态系统功能是维持整个系统运转的过程和活动（Bolger，2001），它有许多种解释，包括："受生物群落影响的生态系统的活动、过程或特征"（Naeem et al.，2004）。其他定义包括营养盐循环（Biles et al.，2002；Naeem and Wright，2003），生态系统的生物（有生命的）、非生物（无生命的）组分之间的能量流动和物质循环（Diaz and Cabido，2001），生态系统过程和生态系统稳定性的结合（Bengtsson，1998）以及上述这些过程的总和（Virginia and Wall，2001）。

　　环境对人类具有不同类型的价值（如经济用途和非使用价值），许多研究者已经对这些价值开展了分类和经济价值评估（类别见表4.1）。不是所有价值都与海洋环境有关系，本章涉及的类别是对他处引用的分类所做出的进一步压缩，归纳了相同生态过程所提供的功能，降低了重复性，其中考虑到认知上的差距。表4.1显示了目前已采用的数量有限的类别，以及这些类别是如何在其他评估分类方案中得到反映的。

表4.1　科斯坦萨（Costanza）等人针对全球环境、博蒙特（Beaumont）和廷奇（Tinch）针对英国海底、弗里德（Frid）和帕拉默（Paramor）针对英国水域定义的生态系统产品和服务的种类

科斯坦萨等（1997）的生态系统服务种类	博蒙特和廷奇（2003）的态系统服务种类	弗雷德和帕拉默（2006）的生态系统服务种类
1. 气体调节	6. 气体和气候调节	气体和气候调节
2. 气候调节		
3. 干扰调节	9. 干扰预防和缓解[A]	
8. 营养盐循环	5. 营养盐循环	营养盐循环
9. 废物处置	7. 废物的生物分解	废物处置
11. 生物控制		
12. 庇护所[B]	8. 生物栖息地	生境功能
13. 食物	1. 食物供应	食物和原材料供应 [C]
14. 原材料	14. 原材料	
15. 基因资源		
16. 娱乐	3. 休闲和娱乐	
17. 文化	10. 文化和遗产	支持社会价值的生物多样性[D]
	11. 认知价值	
	12. 选择使用价值	
	13. 非使用价值－遗赠和存在	
	4. 恢复力和抵抗力	

　　注：A. 主要涉及潮间带栖息地的防洪作用，这一作用本报告中不考虑。

　　　　B. 科斯坦萨等人（1997）在原文中的支撑内容清楚地表明，此功能由生境提供。

　　　　C. 在英国，除食物外，原材料的供给规模很小，这一说法与其他地方的食物供给没什么区别。

　　　　D. 虽然该说法明显是经济分类，但是与生物多样性的关系是一样的，因此，二者被一起考虑。

4.2　英国海洋生态系统产品和服务的规模和价值

欧盟主张的海洋专属经济区（EEZ）总面积达 11 447 075 平方千米。面积最大的 3 个国家是爱尔兰（890 688 平方千米，占 7.8%），英国（867 000 平方千米，占 7.6%）和西班牙（683 236 平方千米，占 6.0%）（http：//earthtrends. wri. org/country_ pro-files/index. php？ theme = 1&rcode = 2）。除上述国家外，葡萄牙是另外唯一兼具大洋和近海的欧盟国家。因此，英国不仅占欧洲海洋总面积的比例非常高，而且也是欧洲专属经济区的重要组成部分，因而，英国预计能从这片区域获取相当水平的服务和财富。虽然此时不能具体地说明哪片欧洲海域可以提供哪些产品和服务，但是在欧洲范围内考虑英国海域的重要性已具备良好的基础。

据估计，全球生态系统已为全球经济提供了大约 33×10^{12} 美元，其中 $21\ 659 \times 10^{9}$ 美元是由水生系统贡献的（Pilskaln et al.，1998）。大部分价值来自近海生态系统，近海生态系统每公顷提供的产品和服务是大洋区提供的 16 倍以上，因为近海生态系统更加靠近人类活动中心，并拥有更高效率的生物过程，如生产力和营养盐循环。事实上，当我们提到英国和欧洲海洋生态系统管理时，我们很少关注未开发的深海，而是更加关注深度在 200 米以内的大陆架浅海区。这些海域具有季节性分层，由于处在透光层，该海域海洋生物生产力大约是深海的 4 倍，因受人类活动的严重影响而呈富营养化和污染状态。

为便于阐述本章目标，本章将生态系统提供的生态产品和服务分为六大类：
①大气同化和气候调节；
②营养盐循环；
③废物分解能力；
④生境功能；
⑤食物供给；
⑥生物多样性的社会价值（如娱乐：钓鱼、观鸟、划船、滨海旅游和潜水、存在价值和文化价值）。

这六大类涵盖了英国海洋生态系统（表 4.1）提供的关键生态功能。

4.3　大气同化与气候调节

海洋在调节全球气候方面发挥了重要作用，一方面是因为其巨大的热容量，能够减缓温度的变化，另一方面海洋洋流能够使热量在全球范围内移动（Bigg et al.，2003）。例如，与同纬度的美国东北部相比，英国气候的温度类型证实了"湾流"的升温效应。最近英国政府财政部的报告强调了气候稳定的经济价值，据该报告估计，控制二氧化碳排放量的成本可能占全球国内生产总值的1%，而温度升高5℃~6℃的成本将占全球国内生产总值的5%~10%（Stern，2006）。

通过海气界面发生的化学交换，海洋在大气循环过程中也发挥了作用（Reid et al.，2009）。大气是某些入海污染物的主要来源，但海洋也能为大气提供氧气并吸收二氧化碳。虽然有些是纯粹的物理-化学过程，但大部分是由生物系统来调节的（Liss，2002；Fowler et al.，2009）。例如，进入到大气中的氧气来自海洋植物的光合作用。然而，进入到海洋的一些化学品封存在深海沉积物中，由此从当前充满活力的海洋生态系统（即全球生态系统的组成部分）中被有效去除。浮游生物，如球石藻和放射虫，利用溶解的二氧化碳生产富含碳酸钙的外壳。生物体死亡后，贝壳及其体内的碳酸盐（CO_2）迅速沉入海底。有些海洋植物释放的气体对于促进云的形成具有重要意义。由于云层能反射辐射、吸收热量（减缓了地球表面的变化）、改变降雨模式，因而覆盖地球表面的云层十分重要。如果没有海洋生态系统，大气系统会对地球上的生命造成比现在大得多的威胁，这些威胁来自于目前正在被广泛讨论的气候变化。

4.4　营养盐循环

营养盐的可得性强烈影响海洋环境的生产力（Hecky and Kilham，1988）。在春季和秋季，随着浮游植物（水体中的微小植物）的大量繁殖，水体中的营养盐含量呈明显的季节性变化。而在冬季风暴期间，表面和深层水混合，将营养物质从深海带到表层时，也会发生季节性变化。

大陆架生态系统初级生产所需营养盐的一半主要来自沉积物（Pilskaln et al.，1998）。这些营养盐都来自沉积在海底的腐殖质（Gooday，2002）。这种有机物质被细菌分解，通过化学扩散过程释放到水体中，这一过程可能会因沉积物中底栖生物群落的影响而增强（Aller，1982）。水体和海底之间存在紧密联系的化学关系（Nixon，1981；Blackford，1997；Gowen et al.，2000）。

4.5　废物同化能力

海洋环境相当于一个大水池，废物通过排污口（点源排放），河流/河口和大气（面源排放）直接排入海中。这些废物可能会被生物分解（Sly，1989；Van Dover et al.，1992；Prince，1993），也可能埋藏在沉积物中（Horowitz and Elrick，1987；Perez et al.，1991；Valette-Silver，1993；Rees et al.，1998）。

重金属等生物不可降解的物质以及杀虫剂和多氯联苯（PCBs）等人工合成物质，

可以通过水的流动和稀释而扩散（Somerville et al.，1987；Swannell et al.，1996），也可能富集在生物体内。这可能通过食物链传递大量富集在食物链的顶端，从而给包括人类在内的顶级掠食者造成健康问题（Phillips and Rainbow，1989；Leah et al.，1991；Galay Burgos and Rainbow，2001；Rainbow et al.，2004）。

可通过生物降解的废物，如丢弃的食物和污水中的有机物，除了扩散（Hughes and Thompson，2004），也可能最终被分解为二氧化碳和无机营养盐。

4.6 生境功能

生境为生物提供所需的"生存空间"，包括索饵场、产卵场、庇护所和抗自然干扰的环境，因此，生境是提供许多其他产品和服务的前提。

大多数生境的定义都包括标示场所特征的生物和非生物因素。这些因素可能包括沉积物、礁石等物理构造和蠕虫管、珊瑚礁和水母的触手等生物构造。

因此，合适的"生境"的重要性在于它是生物生存、生长和繁殖所必需的。美国《马格纳森－史蒂文斯渔业养护和管理法》（1996）的条款中已经强调了这一关键作用，要求区域渔业理事会将"重要的鱼类生境"（如经济鱼类的产卵场和索饵场）的有效保护作为他们承诺的一部分，以确保渔业可持续发展。

《欧盟委员会生境指令》（1992）要求成员国为有限的海洋生境类型提供保护。生境类型的选择主要根据其社会价值，而不是确保关键生态系统的功能。

4.7 食物供给

海洋环境是人类所需食物的便利渠道。2008 年，英国船队捕获了 588 000 吨海洋鱼类，总价值6.29 亿英镑，养活了 12 761 位渔民（Marine Fisheries Agency，2008）。这是渔业的区域经济效应，也为沿海社会发展提供了重要支撑。

渔业对象包括：

- 海底摄食的贝类，如海螺和海螯虾（挪威海螯虾）；
- 从水中滤食微小食物的贝类，如贻贝、蛤和扇贝；
- 以底栖蠕虫、螃蟹、沙蚕和蛤为饵料的鱼类，如鲽、鳎、鳕鱼、黑线鳕鱼和鳐；
- 以其他鱼类、浮游生物和漂浮生物为饵料的鱼类（鲱鱼、鲭鱼）。

所有这些鱼类直接为人类提供食物。海鳗、挪威长臂鳕和蓝鳕等小型鱼类捕捞后磨成鱼粉，用做动物饲料，包括在水产养殖场的饲料。也就是说，养殖的鲑鱼、鳟鱼和鲈鱼的部分养饵来自英国海域提供的食物供应服务。

除获得海洋渔业资源外，还可以从水产品加工、零售和出口获得收入和就业机会。

水产品加工业雇佣了约 18 180 名员工和 1 300 名鱼贩。这些工作大都集中在偏远社区。

在过去 5 年中，英国船队的捕捞量维持在 46 万吨。底栖物种（以海底表面或沉积物中的生物为食的鱼类）占总捕捞量的 34%，占总价值的 41%。中上层鱼类（以水体中的有机体为食的鱼类）占总捕捞量的 39%，但仅占总价值的 16%。甲壳类占总捕捞量的 27%，占总价值的 43%（表 4.2）。

表 4.2　2000—2004 年英国鱼类和贝类渔获物的数量和价值

	数量（千吨）					价值（百万英镑）				
	2000	2001	2002	2003	2004	2000	2001	2002	2003	2004
底栖鱼类	301.0	270.3	242.5	202.7	231.1	302.3	281.1	257.2	219.9	223.5
远洋鱼类	311.8	323.7	305.3	292.9	290.9	78.5	114.2	114.4	114.5	105.8
贝类	135.4	143.8	137.6	144.0	131.7	169.5	179.1	174.0	193.9	183.7
合计鱼类	748.1	737.8	685.5	639.7	653.7	550.3	574.4	545.6	528.3	513.0

资料来源：Marine Fishery Agency（2005）。

4.8　生物多样性的社会价值——休闲娱乐、垂钓、划船、观鸟、滨海旅游和潜水、存在价值和文化价值

在过去 50 年里，休闲娱乐一直是英国增长速度最快的经济领域之一（Pugh and Skinner，2002）。海洋和滨海休闲娱乐多集中在野生动物和风景区，但程度各不相同。生态旅游活动通常以一种或几种物种为主，最典型的是鲸类（鲸鱼和海豚）、鸟类和海豹。海上休闲垂钓往往针对数量有限的几种鱼类。其他许多活动都集中在景色优美或有自然风光的地方，如戴水肺潜水、滨海旅游、乘船游览或帆船等，但也不完全是这样。一般来说，滨海旅游，如使用沙滩并不依赖于特定的自然生物系统，但使用者可能生态系统失常而受到困扰，如有害藻华或废物堆积。

据估计，英国海上休闲娱乐总净值为 117.7 亿英镑（Pugh and Skinner，2002）。该数额包括观鸟、观鲸和观海豹、美学价值以及与商业性捕鱼活动有关的旅游业所产生的间接价值。这些活动的重要性是通过参与的人数及其对活动的评价进行测量的，结果见表 4.3 所示。

表 4.3   休闲娱乐活动参与情况和俱乐部会员比例

活动	理事机构成员	预估计的受欢迎程度	会员所占比例
潜水	52 247 名（英国潜水俱乐部）， 51 700 名（专业潜水教练协会）	约 12 万	83%
钓鱼	221 699（国家钓鱼联合会） 35 000（国家海钓联合会）	250 万	0.1%
赏鸟	1 00 万（鸟类保护皇家社团）	200 万	50%

资料来源：CEED（2000）。

英国海域约占欧洲海洋面积的 7.6%，是欧洲海洋的重要组成部分，欧洲海洋环境的经济效益在很大程度上依赖于爱尔兰、英国和西班牙海洋的健康状况。因此，清洁、健康和可持续的欧洲海洋水体很大程度上取决于英国海域的活动（Frid et al.，2003）。

英国海洋面积 867 000 平方千米（合 335 000 平方英里），比英国陆地面积的 3 倍还多。也就是说，超过英国总面积的 3/4 都是海洋。但是直到最近，英国海域才形成了全面综合的管理制度。

海洋活动的规模很可观，包括：

• 英国的鱼类和甲壳类捕捞业，每年的捕捞量超过 5.4 亿英镑，产生 8 亿～12 亿英镑的经济活动（Marine Fisheries Agency，2005）；

• 英国的休闲垂钓者每年在其垂钓活动上大约花费 10 亿英镑（Drew Associates Ltd，2003）；

• 近海开采石油、天然气的总价值每年超过 200 亿英镑，（www. og. dti. gov. uk/information/bb_ updates/appendices/Appendix7. htm）；

• 近海风力发电装置。由于英国制定了到 2010 年 10% 的能源发电来自可再生能源的目标，加之海上可再生能源领域可观的增长预期，风力发电装置将受到政府投资的刺激，2010 年之前，政府每年征收 10 多亿英镑的气候变化税进行投资（www. dti. gov. uk/energy/sources/renewables/policy/off shore/page22500. html）。

除此之外，海洋环境为生物勘探提供了重要的潜在资源，虽然这尚未得到充分挖掘。

除了对海洋环境的直接利用外，海洋还提供了许多间接的好处：

• 海洋是生物多样性的主要汇集地，有记载的海洋物种超过 44 000 种（Defra，2002）；

• 海洋是温室气体二氧化碳（CO_2）的主要储藏地，对调节全球气候起到辅助作用；

• 海洋生物在营养盐循环中发挥了至关重要的作用，将氮、磷和硫变成全球生态系统的生物再利用部分。

据估计，1999—2000 年间，海洋相关活动对英国经济的贡献值约为 390 亿英镑，占国内生产总值（GDP）的 4.9%（见表 4.4）。1994—1995 年间的贡献值约为 278 亿英镑，占国内生产总值的 4.8%。扣除旅游业的贡献值后，1999—2000 年的贡献值占国内生产总值的 3.4%。这进一步证实了海洋活动对英国经济发展的重要性（Pugh and Skinner，2002）。

表 4.4　英国经济中海洋领域产生的营业额和"增加值"

（按 1999 年不变价格进行计算，单位均为百万英镑）

行　业	1994—1995 年（百万英镑）		1999—2000 年（百万英镑）	
	营业额	增加值	营业额	增加值
石油和天然气	15 295	12 310	20 597	14 810
休闲娱乐	10 129	6 859	19 290	11 770
国　防	6 762	2 703	6 660	2 531
商务服务	6 417	1 099	4 535	1 080
航　运	5 007	2 317	5 200	2 400
造　船	4 002	1 875	3 172	1 574
装　备	3 565	1 438	2 326	1 358
渔　业	2 392	822	2 447	825
环　境	1 380	460	1 050	435
港　口	1 311	918	1 690	1 183
建　设	826	231	500	190
研　究	645	309	609	292
电　信	460	230	500	190
安　全	336	138	316	129
口　岸	178	100	155	87
集　料	168	87	131	69
教　育	54	28	49	25
合　计	58 927	31 923	69 227	38 948

数据来源：Pugh and Skinner（2002）。

4.9　海洋生态系统过程及产品和服务的提供

上文描述了英国海洋环境的总体范围及其提供服务的重要性和近似价值，现在我们继续探讨生态系统如何提供这些产品和服务及其随时间的变化。

4.9.1 重要的生态系统产品和服务

(1) 大气气体同化和气候调节

目前还没有直接的测量方法对进出英国海域的气体通量进行度量,通过卫星和其他遥感测量获得的大尺度数据也只提供了水体表面大量植物色素的信息。由于不同植物物种对气体吸收/产出的速率及其他生物地球化学过程的速率各不相同,因此不可能对这些生态系统服务状态的变化做出详细的推论。

虽然没有关于进出英国海域的气体通量的直接估算数据,但是利用海洋模型,计算气体通量的一些重要元素是完全可能的。

例如,气候活跃气体二甲基硫化物(DMS),是海洋球石藻(Emiliana huxleyi)等浮游藻类释放的气体产生的。卫星图像可以记录海洋球石藻的大量繁殖。因此,计算二甲基硫化物的产量是可能的。据佑测,海洋球石藻的大量繁殖可能具有区域重要性,但在全球气候调节过程中作用很小(Balch et al.,1992)。有迹象表明,海洋球石藻活力中心正在北移。

(2) 营养盐循环

水体中的营养盐含量具有明显的季节性周期。每年春季浮游植物大量繁殖都与冬季风暴期间水体的混合有关。这种混合将营养盐从深层水域带到可以发生光合作用的有光层水域。当夏季形成的稳定水体失去稳定时,营养盐则被带到表层水域时,因此出现了秋季水华。随着秋季的逐渐结束,水华时期因光照的减少而缩短。有证据表明,水华时期持续的时间受气候变化的影响(Edwards et al.,2004)。这会影响食物网的相互作用,但这些变化如何影响营养盐循环,目前尚不清楚。浮游生物连续记录器(CPR)提供的证据表明,在浮游植物中,硅藻(具有硅质外壳的小型浮游植物)目前数量较少,而甲藻(快速增长的小型植物细胞)变得越来越常见。硅藻吸收二氧化硅,而甲藻并不吸收二氧化硅,因此硅循环发生了变化。甲藻和硅藻也摄取不同量的其他营养物质,特别是硝酸盐和磷酸盐。因此,可以认为,我们观测到的浮游植物水华的规模、时间和成分发生的变化,将导致营养盐吸收模式和循环周期的改变。然而,由于缺乏详细的历史数据,我们无法直接测量这些变化。

虽然有关于生物群落促进营养盐循环的信息(如穴居蠕虫),也有一些关于其促进效率的测量数据,但是有关人类活动直接影响营养盐循环的测量研究却很少(Percival et al.,2005;Trimmer et al.,2005)。底栖生物的长期变化对营养盐循环过程的影响也尚不可知。

在北海南部,研究表明渔业对氧气吸收、脱硝规程或营养盐交换没有影响(Trimmer et al.,2005)。从长远来看,沉积物上层的化学过程似乎不受拖网的影响。这可能是因为捕捞引起的营养盐循环的改变,在研究开始之前就已经发生了。

4.9.2　废物分解能力

海洋能吸纳人类排放的废物而不会受到负面影响，但这种能力是有限度的。这一限度由去除（稀释）效率和分解/同化能力决定。对于有机废物和营养物质，这一限度通常由生物过程决定。对于其他废物，则由稀释能力决定（Clark et al. , 1997）。许多记录完好的案例记载了因过度排放废物而造成的有害影响。但这些案例仅限于废物排放区附近。按逻辑推理，废物排放量和废物处置场所的减少将降低这些不利影响，这意味着该系统具有强大的自净能力。

4.9.3　危险的废物

近几十年来，最危险废物的入海排放量已大为减少（Defra, 2005）。自 1990 年以来，通过河流和直接排放的汞、镉、铜、铅、锌和沿海水域称之为六氯环己烷的有机污染物的总排放量已减少了 20% ~ 70%，含相同化学物质的大气排放量减少了 50% ~ 95%。但水体和沉积物中汞、镉、铜、铅、锌的含量却升高了。工业化的河口及邻近地区的生物群落中有害物质的浓度最高，这些水域曾经是污染物排放的地方。从多格浅滩（Dogger Bank）近海捕获的鱼类的肝脏中也发现了高浓度的镉。

20 世纪 70 年代以来，由于采取了针对可接受环境限度的多项措施，来自塞拉菲尔德（Sellafield）的放射性核素的排放量显著下降。当前水排放量超过某一量级而低于20 世纪 70 年代的峰值（Jackson et al. , 2000）。国家海洋监测计划（1998）报告指出，由于污染物的影响及许多污染物浓度明显下降，渔业和野生动物数量没有严重下滑（NMP, 1998）。然而，在排放物稀释效果很差的一些地方，或者持续性有机污染物沉积区，痕量或细颗粒污染物仍然会造成显而易见的污染影响（Matthiessen and Law, 2002）。

总体而言，近几十年来减少污染物排放所取得的巨大进步意味着生态系统的废物分解能力将优于过去。

4.9.4　污水处置

自 20 世纪 80 年代以来，随着海水浴场（EC, 2002）、甲壳类（EC, 1979）和城市废水（EC, 1991）指令的实施，入海污水排放数量已显著下降。这使得英国近岸海域水质得到明显改善（Matthiessen and Law, 2002）。污水的排放（包括加工厂流出的污水）和含化肥的径流促使富营养化的发生（对植物生长的促进作用超过自然水平往往会导致不良后果）。

4.9.5　营养盐输入

自 1990 年以来，英国的氮和磷的直接排放量分别减少了 35% 和 50%（Defra，2005）。但是没有任何证据表明，从河流进入沿海水域的营养盐也减少了，这主要是因为源源不断进入陆地径流的营养盐缘故。持续的营养盐输入随降雨量和河水流动速率的变化而变化，而且存在区域差异。虽然英格兰南部、东部和西北部的沿岸海域及布里斯托尔海峡（Bristol Channel）内的沿岸海域有丰富的氮和磷，但是这与营养盐输入几乎没有关系（Defra，2005）。营养盐输入的减少并没有引起冬季海水营养盐含量的明显减少。这反映了海洋作为英国沿岸和近海水域营养源的重要性。

4.9.6　碳氢化合物

炼油厂和海上石油活动等陆地石油污染源受到严格监管，因此近海输入量是相当稳定的（Defra，2005）。近海意外事故、邮轮或其他海上事故导致的溢油事件无规律可循，影响也是局部的和短暂的。

4.9.7　疏浚物

港口、码头和航道易淤积。每年从航道入口、港口、游艇码头和海港清除的湿性疏浚物大约 2 500 万 ~ 4 000 万吨，倾倒在大约 150 个指定的倾废区。自 1992 年以来，每年海上倾倒的疏浚物总量略有增加。60% 以上的疏浚物倾倒到北海（North Sea）南部和爱尔兰海（Irish Sea）。监测表明，影响往往局限于倾废场的边界范围之内，即影响只发生在倾废区内（Bolam et al.，2006）。

4.9.8　概述

在沿海和河口地区处置疏浚物的数量将影响这些生态系统提供重要生态产品和服务的能力。近年来废物排放量大幅减少，在岸上处置废物的投资大幅增加。这将减轻生态系统遭受破坏的程度，因此，提高承受偶尔发生的污染事故（如意外泄漏）的能力。尽管如此，仍然有不少局部地区，特别是一些河口，历史上排放的废物仍可能导致海洋生态系统健康状况明显下降。

4.9.9　生境功能

由于目前还没有权威的英国海底生境实际分布图，因此，无法评估某些类型的生境是否已发生改变或已被其他生境类型取代。在某些情况下，我们确实有生境丧失的证据（例如：冷水珊瑚礁，海藻床，紫贻贝、偏顶蛤和牡蛎床），而且可以推断生境供给和其他功能的丧失与之相关。

一小块生境，如泥质沙滩，在生物集聚和生态功能供给方面，与另外的泥质沙滩也不是完全一样的。生境内的这种差异有时被称为"生境质量"。有证据表明，某些区域的生境质量已经受到了影响，如疏浚物处置场，尽管其质量较差，但是这些受到影响的海床可能仍然具有与周边生境相同的特征。物种组成的任何变化都可能意味着该区域会根据自然状况提供不同的生态功能（Tarpgaard et al.，2005）。

4.9.10　食物供给

在过去10年中，一些重要底层鱼类（营底栖生活）的供应状况已经开始恶化（ICES，2004）。相比之下，诸如鲱鱼等中上层鱼类（生活在水体中的鱼类）的状态有所改善。北海的8种主要底层鱼类中已有4种生物量受到不可持续的捕捞或面临不可持续捕捞的风险。在采取应急管理措施并从2005年开始实施恢复计划的情况下，鳕鱼生物量仍处于历史较低水平。相比之下，最近几年鲱鱼生物量已经增长，北海的海螯虾（挪威海螯虾）的配额有所增加，这意味着这些物种得到了可持续的开发利用（环境、渔业和水产科学中心，T. L. Catchpole，个人资料）。

在过去10年中，爱尔兰海的鳕鱼和牙鳕的生物量已经下降，这引发了对可能出现的生物量骤降的担忧。西南入海口的大多数底层鱼类在超过其预警限额的情况下被捕捞。北部无须鳕生物量是2004年开展的管理恢复计划的主题，其中包括更严格限制的允许捕捞总量（TAC）和技术措施（网目限制）。尽管苏格兰西部黑线鳕和海螯虾获得可持续的捕捞，但许多其他底层鱼类的状况尚不确定抑或处于历史低位。

包括自然变异、生物相互作用和人类活动在内的许多因素都可能导致鱼类数量和分布发生变化。已知的会影响鱼类群落结构和多样性的活动包括捕捞及由于污染、富营养化、生境破坏、引入非本地物种等原因所引起的生境质量变化（Agardy，2003）。确定上述各种因素的相对影响很困难，但有些研究显示了环境变量和生物组分之间的相关性，有个别案例证明它们之间存在因果关系。

渔业资源的商业性开发对海洋环境产生了广泛影响（Frid et al.，2006），包括对目标物种的丰度、大小和基因组成的影响，对海床生境和兼捕的非目标物种（如海洋哺乳动物、鱼类和深海动物区系）的影响，对物种和种群遗传多样性的影响，对食物网的影响。捕捞会影响兼捕的非目标物种，这种情况已导致脆弱的大型鱼类（如鳐和魟）的减少。旨在查明废弃渔获物数量和组成的监测项目在英国许多渔场已准备就绪。在北海和爱尔兰海，许多更大型的目标和兼捕物种的数量已降至未开展捕捞时预期数量的10%以下，渔获物的平均重量也下降了。

因此，海洋的食物供给量整体上呈下滑趋势。这种情况促使捕捞业寻找新的物种，探索新的生境（如深水）和渔具以维持渔获量。这些变化将对生态系统产生负面影响，损害其产品和服务供给能力及渔业支持能力。

4.9.11   生物多样性的娱乐价值、存在价值和文化价值

娱乐活动对生物多样性的利用程度目前还没有直接的评估。生物多样性的数据从国家监测点收集得到，用于开展干预管理，其中发现的生物多样性下降显示人类活动的影响。海洋休闲娱乐活动不是广泛或统一存在的，往往趋向于避开那些受到影响、对公众吸引力降低的区域。已有数据表明，过去几十年里，海上垂钓、划船、潜水运动、滨海旅游和生态旅游显著增多（Kenny and Rees，1994）。这意味着至少在这些方面，生物多样性水平足以满足当前用户的需求。

鱼类捕获量数据和全国海钓联盟的意见表明垂钓者的关注已经不仅局限于可捕鱼类的数量及其多样性（Roskilly，2005）。海鸟和海洋哺乳动物种群普遍增加，但在许多情况下应被视为脆弱的。钓鱼、乘船游览等许多休闲活动可能破坏海洋环境，例如，潜水船锚泊时可能会损害脆弱的海底生境，游客上岸后可能会因为践踏、乱扔垃圾和干扰等行为影响生态系统。因此，管理活动必须在保护环境与大多数人进行尊重自然的休闲活动的效益之间获得平衡（Fletcher and Frid，1997）。

4.10   英国海洋生态系统面临的主要压力

如果用2海里×2海里的坐标网格划分英国海底，则可以划分出28个海洋生态景观。通过分析人类活动对这些景观单元产生的物理影响的分布，可以发现人类影响的类型不同（Hall et al.，2007）。这些景观类型中有8个受到很小的人类活动影响（不到该地区的1%）。虽然石油天然气钻井平台或风电场建设等活动所产生影响的总面积较小，但却出现在许多生境。总体而言，最大的压力来自底拖网产生的干扰。除此之外，集料开采和废物处置产生的沉积物是唯一影响所有景观类型面积超过5%的压力类型。

本节将探讨5种生态系统产品和服务发生退化的风险。这包括对提供"产品和服务"的生态系统组分，以及系统中多余组分衰退/恶化迹象的评估，换句话说，如果一个组分退化，是否有另一个组分可以提供相同的产品和服务？

评估受到一些限制，也缺乏覆盖必要地区和时间的所有生态系统组分的数据。如果生态系统每个组分都存在失败的风险，那么每一组分都需要加以解决，因此，并不一定要开展全面评估。

在跨学科咨询中，很容易认为所有生态系统产品和服务已经被识别和量化，与之相关的所有生态系统过程和功能也都已知，并能描述其相互关系。物种和环境之间存

在许多微妙的关系，这是不言自明的，但到目前为止，我们几乎没有理解任何生态系统的复杂性，尤其是自然特性。海洋环境研究中的关键问题之一是，通过监测进行的观察并不一定能够转化为洞察力和理解力。可以测定影响结果，但原因只能通过推断、假设来得知或根本不可知。而对于识别或评估保护、补救措施的有效性而言，监测能够为详细认识其影响提供更多的证据。因此，基于对海洋生态系统运行和响应的最佳理解而建立的模型在预防或适应性管理方面发挥了关键作用。在该模型中，我们运用监测站或调查得到的时间序列数据对输出进行了验证。模型在迭代过程中得到验证和重新配置，以便更好地了解不可见的或起初没有立刻显现出来的突发现象。在这里，数值模拟不但不会削弱监测效果，反而为维持甚至扩大数据收集活动增加了额外的效果。在调查和数据采集日益萎缩的情况下，这也许是未来管理活动的一个重要组成部分。通过这些管理活动，不同的监管和科研机构开展的监测活动将得到更有效的协调。

　　评估英国海洋生态系统面临的压力所使用的信息的质量和多样化，意味着这是一个定性而非定量的评估。用标准术语对信息质量和风险进行评估有助于对比分析。表4.5给出了这些术语的定义。

表 4.5　用于界定重要生态系统组成部分变化情况和提供生态系统产品和服务相关风险的标准术语

	信息质量		风险
不佳	没有信息以形成一个判断	低等级	现有变化程度或观测到的趋势的延续不可能导致生态系统无法提供产品或服务，抑或产品和服务的提供无需从生态系统其他部分得以补足
一般	生态系统组成部分变化的信息局限在有限空间内，与其他变化混淆，或经推断得知	中等级	现有变化程度或观测到的趋势的延续有可能导致生态系统无法提供现有数量或所有产品和服务。供给有可能从生态系统其他部分得以补足
良好	通过研究和地区考察获得能够表明生态系统关键组分衰退的确切信息	高等级	现有变化程度或观测到的趋势的延续很可能导致生态系统无法提供产品和服务。供给不可能从生态系统其他部分得以补足

　　鉴于数据类型以及生物多样性和生态功能领域的科学研究尚不成熟，得出的结论是试验性的。但不能因此假定停止破坏活动必然能使生态系统恢复到其受影响前的状态。

4.11　时间尺度的变化

　　鉴于海洋生态系统的自然空间和时间变化程度较高，相对高强度的长期监测是必需的，以便了解变化模式并对其动态开展重要的评论。许多海洋生态系统具有高度的适应性，能够从扰乱状态恢复（见专栏4.1）。

专栏 4.1　海底修复

诺森伯兰（Northumberland）沿海的海底被用作倾倒发电站产生的粉煤灰的倾废场。周围大约 14 平方千米的区域几乎没有生物，每天倾倒的粉煤灰覆盖了海底。随着 1992 年海上倾倒的结束，海底开始修复，9 个月内所有区域都有生物开始定殖，3 年内重建起了与本底类似的群落（Herrando–Pérez and Frid, 2001）。

砂石开采后的研究表明，不同地点之间存在很大差异，但是持续改善的延长期往往跟随在迅速改善期之后。全面恢复可能需要十余年，但如果寿命长、生长缓慢的物种已经丧失，那么就可能永远无法彻底恢复了（Kenny and Rees, 1994, 1996; Boyd et al., 2005; Cooper et al., 2005）。

极端扰动可能导致生态系统动力学发生变化，即所谓的相移或不寻常的稳定状态（Frid et al., 2000）。反差大的生态系统状态之间存在潜在的不可逆变化，其中任何变化在特定环境条件、变异性和外部压力下都可认为是能恢复的。这些不可逆变化可以看做是不可预知的阈值驱动现象。尽管卡朋特和布罗克（Carpenter and Brock, 2006）指出，在两个稳定状态之间，越来越多的变异会提前发生或至少提前预告将发生跃变（regime shift），但这种阈值驱动现象很难通过监测发现，因为监测的对象是逐步发生、稳步下降或稳步恢复的，换句话说，监测对象的变化显然正常的。利用现有还原论建立的模型不可能预测出两个稳定状态之间的突发现象。在这方面，监测或预防措施不能阻止这些状态之间的转化，也不能阻止对提供生态系统产品和服务所造成的潜在的灾难性后果。海洋生态系统转化最明显的例子之一发生在黑海，在渔业衰退和外来水母物种入侵之后黑海的生态系统发生了跃变（Robinson and Frid, 2005）。

关于引进物种造成的影响，以及海洋生态系统受到影响后的恢复的观察都表明，海洋生态系统具有在短时间内经历巨大变化的潜力。观测和理论表明，在很多情况下，具有多样化物种的生态系统不会在越来越大的影响面前出现渐进的、稳定的衰退；而是随着越来越大的压力显现出很小的变化，然后突然发生显著变化。因此，这说明生态功能最初会维持不变，然后则可能突然崩溃。考虑到我们有限的海洋系统动力学知识，这里讨论的管理制度包括预警方法在内，该方法具有较高的风险规避度。监测不可能发现生态系统已达到阈值，除非该系统已超过阈值而且重要的生态功能已经丧失。这一解释已用于说明加拿大大浅滩和佐治亚滩鳕鱼资源的衰退，以及全面禁渔 15 年以上依旧难以改善的情况（渔业与海洋部 J. Rice，个人资料）。

在海洋生态系统的科学领域，承认"未知事物"是很重要的。人们不能反对日益增长的共识：为保护海洋生物多样性，阻止海洋生态系统产品和服务进一步丧失，现在已经是采取行动的时候了。例如，沃尔姆（Worm, 2006）等人证实了过去 1000 年里近海海洋物种衰退和灭绝这一令人担忧的趋势，而且过去 50 年里全球大海洋生态系物种丧失累计占崩溃类群的 65%，在物种贫乏的生态系统中这个比例高达 80%。这进一步说明物种多样性对生态系统服务的恢复力具有缓冲作用。可以肯定的是我们的基础知识和数据基础随时间而增加，新技术和新方法（如分子分类学）也付诸应用，但这一"理想"必须与物种丧失程度的现实基础相平衡。因此，最重要的是必须立即采取预防措施。

4.12　大气同化和气候调节的风险评估

利用浮游生物连续记录器可以获得英国各海域水华期间浮游植物的数量和季节变化（Reid et al.，1998）。气候变化比营养盐输入更能促使这些变化的发生，但越来越多的营养物质可能有助于浮游植物数量的增加和水华时期物种组成的改变。这些变化会影响活跃在大气中的二甲基硫类气体的生成（Gabric et al.，2001），但计算表明，海洋球石藻和其他藻类水华的变化不会影响二氧化碳的长期封存（www. noc. soton. ac. uk/ soes/ staff /tt/ eh/ biogeochemistry. html）。在某种程度上由于物种替代，以二氧化碳减少量保持不变。这一结论是不确定的，一些研究结果与之相悖。此外，对淡水湖泊等封闭水体的生态理论和深入研究认为，一旦超过阀值，物种替代将不再补偿损失。目前还没有数据能预测这一崩溃的阀值。

结论

有良好的证据表明，支持生态系统调节大气和气候服务的组成部分正在恶化。这种恶化存在中低等级风险，可能会给大气和气候带来不良后果。

4.13　营养盐循环能力的风险评估

虽然有证据显示，过去的一个世纪，与营养盐循环有关的有机体受到人类活动影响，但很少有证据表明这些过程的速率已经改变（Frid and Paramor，2006）。

结论

有良好的证据表明，支持生态系统提供营养盐循环服务的组成部分正在恶化。这种恶化存在低等级风险，可能会给营养盐循环带来不良后果。

4.14　废物同化能力丧失的风险评估

越来越多的农业径流和污水处理厂排放的营养盐，可能促成浮游植物数量和模式以及水华时期物种组成的改变。这些变化可能导致食物网动力机制的改变，因而改变营养盐的含量，进而改变有机废物同化能力。

近几十年来，废物处置管理水平的提高减轻了生态系统废物同化能力承受的压力，除局部地区外，如果废物处理水平能持续提高，此功能丧失只存在低风险。

结论

有良好的证据表明，支持生态系统提供废物同化能力服务的组成部分正在恶化。这种恶化存在低等级风险（如果是含有营养盐的废物，则为中等级风险），可能会给生态系统废物同化能力带来不良后果。

4.15 生境功能的风险评估

大量证据表明，生境已经受到人类活动的影响。一些生境对干扰非常敏感，单一的影响就可能对其造成永久毁坏（如冷水珊瑚礁），而其他生境类型可能对干扰更加耐受（如沙漠）。有证据表明，捕捞等长期而高频率的活动已经影响了生境支持自然群落的能力，而且主要的、具有重要生态价值的变化在科学研究之前就已经发生的可能性非常大。这是利用20世纪初的数据（Frid et al.，2000；Rumohr and Kujawski，2000）和化石记录（Robinson and Frid，2005）进行研究而得出的结论。

大量证据表明，过去的一个世纪，诸如海草床（UK BAP，1995；Davison and Hughes，1998；Langston et al.，2006）、贝类生物礁（牡蛎和贻贝床）（Riesen and Reise，1982；UK BAP，1999）、海藻床（Hall – Spencer and Moore，2000；Barbera et al.，2003），蠕虫生物礁（缨鳃虫 Sabellaria alveolata）（Riesen and Reise，1982；Vorberg，2000）和冷水珊瑚（Lophelia）礁（Mortensen et al.，2001；Fosså et al.，2002；Roberts et al.，2003）等生境类型因人类活动而丧失。这些生境类型的丧失或受损将导致生物多样性严重降低，进而影响到这些群落所提供的生态功能。

有证据表明，对砂石、砾石等更常见的、适应力更强的生境类型的损害，已经对诸如集料开采等活动造成了影响。一些研究发现，停止开采后好多年，底栖生物群落会存在明显差异（Boyd and Rees，2003；Boyd et al.，2005）。这可能会影响该地区的自然功能。

结论

有良好的证据表明，支持生态系统提供社会价值服务的组成部分正在恶化。这种恶化存在高等级风险，可能会给生境供给功能带来不良后果。

4.16　食物供给的风险评估

大量证据表明,英国各海域鱼类数量发生了变化,既包括目标渔获物种,也包括非目标鱼类群落(Heesen and Daan, 1996; Pope and Macer, 1996)。这些变化可部分归因于气候和水文变化,但影响最大的是捕捞。考虑到渔业的经济价值(PMSU, 2004)和鱼类在与公众利益高度相关的可食用物种中的作用(海鸟、海洋哺乳动物),生态系统中鱼类资源的衰退可能会对食物供给和生物多样性,特别是对社会发展颇有价值的组分产生极大的负面影响。

仅在北海,8 种底栖鱼类每年消耗大约 28 万吨深海底栖饵料生物(蠕虫、蛤、海蛇尾、海胆、蟹、虾等)(Frid et al. , 1999)。由于鱼类捕食习性存在差异,因此,深海底栖饵料生物数量的变化及深海底栖生物群落组成的变化可能会影响这些鱼类的食物来源。

有明确的证据表明,英国海域浮游生物正在发生一系列变化。这包括一些关键类群数量的下降(如,飞马蜇水蚤 *Calanus finmarchicus*),也包括生产力水平和方式的改变以及物种组成的变化(有些种类变化不大,有些变化很大)。由于浮游生物是海洋食物链的基础,这些变化是生态系统极度不稳定的潜在原因之一。

大陆架底栖生物群落和上复水体的生产力之间存在密切的联系,因此,浮游生物的产量及其时机的变化均对底栖生物群落产生影响,进而改变底栖鱼类的饵料供应。有证据表明,浮游生物的变化已经影响到仔鱼的生长率和存活率,而且可能导致某些鱼类数量的下降。

结论

有大量证据表明,支持生态系统食物供给服务的组成部分正在恶化。这种恶化存在高等级风险,可能会给海洋食物供给带来更严重的不良后果。

4.17　生物多样性社会价值的风险评估

海鸟具有很好的公众形象,在生物多样性的生态旅游和休闲娱乐方面具有非常高的经济价值。海鸟得到英国和欧洲法律及众多国际公约框架的保护。

有大量证据表明,与几个世纪以前的数据相比,许多种海鸟的数量在下降,也有清晰的证据表明,引入保护措施之后,许多海鸟显现出明显复苏的迹象(Defra, 2005)。海鸟具有广泛的生态作用,但除了生物多样性和自然生态功能外,似乎并没有提供任何特定的生态系统服务。海鸟一般处于或接近于食物网顶端,它们的损失意味着天然食物网的切断。

　　海洋哺乳动物和爬行动物具有很好的公众形象，受英国和欧洲法律及各种国际公约的保护。海洋哺乳动物普遍是海洋生态旅游业的关键资源。

　　有大量证据表明，许多海洋哺乳动物和爬行动物的数量正在下降，也有明确的证据表明，一些物种正在恢复，如海豹。除了生物多样性和自然生态功能外，这些物种并不提供任何关键的生态系统服务。这些物种往往处于或接近于食物网顶端，它们的损失意味着天然食物网的切断。

　　有大量证据表明，英国各地鱼类数量正在发生变化。这些变化包括捕捞和休闲渔业的目标渔获物，也包括非目标鱼类（Heesen and Daan，1996；Pope and Macer，1996）。有些变化可归因于气候和水文变化。但影响最大的是捕捞。考虑到渔业的经济价值（PMSU，2004）和鱼类在与公众利益高度相关的可食用物种中的作用（海鸟、海洋哺乳动物），生态系统中鱼类资源的衰退可能会对食物供给和生物多样性，特别是对社会发展颇有价值的组分产生极大的负面影响。

　　至今尚没有关于有毒有害藻类水华对鸟类和贝类渔业产生负面影响的确切证据。

结论

　　有大量证据表明，支持生态系统提供社会服务的组分正在恶化这种恶化存在高等级风险，可能会给海洋生物多样性提供的休闲活动带来不良后果。

4.18　海洋生态系统服务与海洋空间规划

　　这份简短的评估描述了生态系统服务方式的基础，并将该评估应用于英国海洋环境，用以强调生态系统健康评价的证据基础，并对生态功能所面临的不断增加的风险进行了概述。其他评估方法（如，MEA，2005；Worm et al.，2006）强调海洋生物多样性丧失将影响其支持人类生活的能力，这一发现在本文中得到了印证。

表 4.6　摘要：关于提供生态服务的生物系统已遭受损害

以及继续提供服务所面临的风险的证据分析

生态服务	生态系统提供者恶化的证据质量	提供生态服务的风险
大气和气候调节	良好	中低等级
营养盐循环	一般	低等级
废物处置	良好	低等级（营养盐含量中等的废物）
生境功能	良好	高等级
食物和原料提供	良好	高等级
支持社会价值的生物多样性	良好	高等级

正是出于这个原因，对协调一致和全面的海洋管理系统的需要日益增加，英国《海洋和海岸带准入法（2009）》就是一个响应。自从 1992 年联合国《生物多样性公约》推动新的环境管理框架项目以来，证据基础越来越厚实，在政策过程的现实政策中表现越来越多，海洋管理已经发生了根本转变。这种转变的一个重要理念就是承认人是生态系统的组成部分，就是认识到生态系统产品和服务的使用不可避免地对生态系统产生影响，影响的程度必须与所得到的利益相平衡，并以可持续性标准为基础来保障子孙后代的利益。此外，必须遵循"生态系统方法"开展环境管理，这就要求管理要兼顾生态系统组成部分的多样性，并认识到人类对生态系统所造成的一系列压力的累积效应。过去，这种综合管理的主要挑战之一是缺乏从多种渠道认识生态系统影响的共同认识。近来，我们对海洋生态系统空间结构的认知有所提高，将生物实体与生态功能密切联系的新技术的发展以及反映人类影响的空间地图的出现，说明现在已经形成了一个共同的空间框架。事实上，正如本章所描述的，在如何促进自然与人类系统以及对人类活动的敏感性方面，海洋环境存在地域和时间的差异，这为管理制度提供了重要的证据基础，而这些制度可以最大限度地发挥目前海洋生态系统中人类的功效，并为子孙后代维护海洋生态系统的完整性。

在本章前文部分，我们认为生态系统健康和恢复力的基础以及生态系统产品和服务供给依赖于生态系统的良好状态。然而，健康的生态系统不一定是那些为人类健康和福祉而最大限度地提供生态系统产品和服务的生态系统。如果管理重点由社会界定，那么在应用生态系统方法时，生态系统功能和恢复力就会面临严重损害的风险，特别是在如果海洋管理目标设置在地方或海区范围之内的情况下。全面考量海洋生态系统产品和服务需要在不同时间和长度范围内理解其重要性，特别是海洋在其生物地球化学过程及自然界与大气的相互作用中调节气候的全球重要性。在制定政策时能否明确这一全球性的气候调节服务对人类的重要性？与海洋生态系统产品和服务供给相关的社会或经济选择更可能与特定海域及其周边国家相联系，尤其是在经济全球化减弱而区域化加强的情况下。由于石油价格持续上涨，城市作为食品主要消费方，可能需要更短的供应线，因此当地的粮食生产在经济上将更为重要。从这个意义上说，生态系统服务的全球支持和调节功能在当地范围内可能遭受物质供给服务的损失。此外，当优先事项变更或已经改变时，社会或经济的重要性也随之改变。就其本质而言，除非生态系统及其服务功能无法满足人类社会需要，否则都被认为是理所当然的。当前关注的生态系统服务的一个方面是，它们几乎全部遭受威胁。的确如此，我们正在经历一个被认为是地球最大规模的生物灭绝期（Harte et al.，2004）。这意味着受到威胁越小的服务功能，如大气和气候调节、营养盐循环和废物处置等，最终可能存在退化的高风险。

在确定管理重点时，与自然环境保护相联系的产品和服务的价值过去往往不受重视，因此，现在也可能被忽视。鲍姆福德等人（Balmford et al.，2002）利用产品和服务利益流动差异，比较研究了保持多种生态系统原状和为了发展经济而改变生态系统之间的价值差异，结果发现，非市场化的服务损失大于生态系统改变的边际效益。因此，事实证明，在考虑到所有生态系统产品和服务的情况下，自然环境保护对人类福祉的改善将优于经济发展支持下的人类福祉的改善。

海洋生态系统产品和服务管理的关键问题是管理实践的发展。如果要进行整治，那么该如何确定参照基线？尤其是在对背景不能完全理解、数据短缺，对生态系统固有的变异性和响应以及与气候变化和人类影响相关的潜在轨迹不了解的情况下。同样，那些能够作为整治目标的原始的海洋生态系统可能会被认为不存在。此外，既然生态系统之间的关联性如此重要，那么应该如何确定管理的时空界限？特别是在沿岸水域，发生在海床和水体内的管理活动与海上活动差不多，也由陆上活动决定。受气候变化影响，生态系统处于不断变化中。由于环境条件的限制和变化具有时间性，因此，气候变化使海洋物种灭绝成为必然，即使目前健康的、恢复力强的生态系统也不例外。这就要求针对变化进行管理，而不是保护人类社会所拥有的部分，因此，使管理对象难以明确定义。海洋保护区、海洋保育区或许应得到更多关注，因为这可能是目前管理政策和实践的基础。沃尔姆等（Worm et al.，2006）认为海洋保护区具备扭转本海域或区域范围内生物多样性下降、提高渔业生产力、提高自然干扰后的恢复力、提高群落差异性、增加旅游收入的潜力。在这方面，海洋生态系统产品和服务获益良多。然而，也有与保护区规模相关的实际问题。如果生态系统的组成部分是重点保护对象，保护区的范围必须适应它们的功能。海洋在调节气候方面的作用，间接说明了生态系统关联性和通道或洄游/迁徙路线的重要性。无论如何，衡量保护区成功与否的方法和预警方法显然是非常重要的。

在许多国家，包括英国，海洋管理的重要方法之一是海洋空间规划（参见 Douvere，2008），英国根据《2009 年的海洋法》，制定了海洋空间规划。这意味着，通过对人类未来需求和环境敏感性开展精确的、综合的、具有前瞻性的评估，以生态系统为基础的管理方法得以实施，同时促成政府其他目标，如经济增长和人类福祉的实现。这就不可避免地导致生态影响和其他利益体，如渔业或综合部门之间的权衡取舍。在缺乏全面的海洋空间规划系统的情况下，这样的决定往往是在一个特定的、片面的要求下制定的，具有累积效应，但是缺乏跟踪调查，也不能将其作为决策依据。海洋空间规划系统的建立为预测当前和未来发展对整个生态系统的影响以及在时间和空间条件下，指定适当的地点（如建立海洋保护区）发展对不同生态系统服务至关重要的生物过程提供了可能性（Ehler，2008）。为了在最充分和最可靠的信息基础上做出决策，空间规划长期以来面临同化各种不同的数据、不同的价值和不同形式的知识的问题（例如，Moroni，2006），因此，存在着制定共同评估框架的问题，如规划平衡表、可持续性评估和自然资本方法等。这适用于海洋环境和海洋空间规划新兴学科，但也面临着特殊困难，因为人们对海洋生态系统及其如何应对人类造成的压力知之甚少。虽然这将激发新的评估方法和评估框架的出现，但是生态系统服务方法是确定海洋生态系统关键要素的可靠依据，并确保这些价值能够在海洋管理决策中得到充分反映。

4.19　结论

在本章中，尽管我们认识到生态系统产品和服务作为一个跨学科研究的关键方法，它可以超越学科的界限，但是要明确生态系统这一含糊不清的术语需要高水平的专业知识。

现在是承认我们对海洋生态系统知之甚少的时候了，也是采取行动的时候，现在通过预警和适应性管理来解决生物多样性丧失的问题还为时不晚。

4.20　致谢

通过与英国和国际上的许多同事合作，本章阐述的理念已经发展了许多年。本章在奥德特·帕拉默（Odette Paramor）研究成果的基础上向前发展，并作为由英国食物与乡村事务部制定的支持《海洋法》的证据之一。我们非常感谢英国食物与乡村事务部的支持和奥德特的想法和创意。本文的观点仅代表作者本人，并不代表利物浦大学、英国食物与乡村事务部或其他任何人。错误和遗漏之处由作者负责。

4.21　注意

科斯坦萨等（1997）认为第 4～第 7 类和第 10 类（调节水量、供水、侵蚀控制和沉积物保持、土壤构成、授粉）是与海洋生态系统不相关的类别。

参考文献

Agardy, T. (2003) 'An environmentalist's perspective on responsible fi sheries: The need for holistic approaches', in M. Sinclair and G. Valdimarsson (eds) *Responsible Fisheries in the Marine Ecosystem*, FAO, Rome and CABI Publishing, Wallingford, pp65 – 85

Aller, R. C. (1982) 'The eff ects of macrobenthos on chemical properties of marine sediment and overlying water', in P. L. McCall and M. J. S. Tevesz (eds) *Animalsediment Relations*, Plenum Press, New York, pp53 – 102

Aller, R. C. (1988) 'Benthic fauna and biogeochemical processes in marine sediments: The role of burrow structures', in T. H. Blackburn and J. Sorensen (eds) *Nitrogen Recycling in Coastal Marine Environments*, John Wiley and Sons Ltd, London, pp301 – 338

Arkema, K., Abramson, S. and Dewsbury, B. (2008) 'Marine ecosystem – based management: From characterization to implementation', *Frontiers in Ecology and the Environment*, vol 4, no 10, pp525 –532

Balch, W. M., Holligan, P. M. and Kilpatrick, K. A. (1992) 'Calcifi cation, photosynthesis and growth of the bloom – forming coccolithophore, *Emiliania huxleyi*', *Continental Shelf Research*, vol 12, pp1353 –1374

Balmford, A., Bruner, A., Cooper, P., Costanza, R., Farber, S., Green, R. E., Jenkins, M., Jeff eriss, P., Jessamy, V., Madden, J., Munro, K., Myers, N., Naeem, S., Paavola, J., Rayment, M., Rosendo, S., Roughgarden, J., Trumper, K. and Turner, R. K. (2002) 'Economic reasons for conserving wild nature', *Science*, vol 297, pp950 –953

Barbera, C., Bordehore, C., Borg, J. A., Glémarec, M., Grall, J., Hall – Spencer, J. M., de la Huz, C., Lanfranco, E., Lastra, M., Moore, P. G., Mora, J., Pita, M. E., Ramos – Esplá, A. A., Rizzo, M., Sánchez – Mata, A., Seva, A., Schembri, P. J. and Valle, C. (2003) 'Conservation and management of northeast Atlantic and Mediterranean maerl beds', *Aquatic Conservation: Marine and Freshwater Ecosystems*, vol 13, no 1, ppS65 – S76

Beaumont, N. J. and Tinch, R. (2003) *Goods and Services Related to the Marine Benthic Environment*, CSERGE Working Paper ECM 03 – 14, p12

Bengtsson, J. (1998) 'Which species? What kind of diversity? Which ecosystem function? Some problems in studies of relations between biodiversity and ecosystem function', *Applied Soil Ecology*, vol 10, pp191 –199

Bigg, G. R., Jickells, T. D., Liss, P. S. and Osborn, T. J. (2003) 'The role of the oceans in climate', *International Journal of Climatology*, vol 23, no 10, pp1127 –1159

Biles, C. L., Paterson, D. M., Ford, R. B., Solan, M. and Raffaelli, D. G. (2002) 'Bioturbation, ecosystem functioning and community structure', *Hydrology and Earth System Sciences*, vol 6, no 6, pp999 –1005

Blackford, J. C. (1997) 'An analysis of benthic biological dynamics in a North Sea ecosystem model', *Journal of Sea Research*, vol 38, pp213 –230

Bolam, S. G., Rees, H. L., Somerfi eld, P., Smith, R., Clarke, K. R., Warwick, R. M., Atkins, M. and Garnacho, E. (2006) 'Ecological consequences of dredged material disposal in the marine environment: A holistic assessment of activities around the England and Wales coastline', *Marine Pollution Bulletin*, vol 52, no 4, pp415 –426

Bolger, T. (2001) 'The functional value of species biodiversity: A review', *Biology and Environment: Proceedings of the Royal Irish Academy*, vol 101B, no 3, pp199 –234

Boyd, S. E. and Rees, H. L. (2003) 'An examination of the spatial scale of impact on the marine benthos arising from marine aggregate extraction in the central English Channel', *Estuarine, Coastal and Shelf Science*, vol 57, pp1 –16

Boyd, S. E., Limpenny, D. S., Rees, H. L. and Cooper, K. M. (2005) 'The effects of marine sand and gravel extraction on the macrobenthos at a commercial dredging site (results 6 years post – dredging)',

ICES Journal of Marine Science, vol 62, no 2, pp145 – 162

Bremner, J., Rogers, S. I. and Frid, C. L. J. (2006) 'Matching biological traits to environmental conditions in marine benthic ecosystems', *Journal of Marine Systems*, vol 60, pp302 – 316

Carpenter, S. R. and Brock, W. A. (2006) 'Rising variance: A leading indicator of ecological transition', *Ecology Letters*, vol 9, no 3, pp311 – 318

Clark, J., Burgess, J. and Harrison, C. M. (2000) ' "I struggled with this money business": Respondents' perspectives on contingent valuation', *Ecological Economics*, vol 33, no 1, pp45 – 52

Clark, R. B., Frid, C. L. J. and Attrill, M. (1997) *Marine Pollution*, 4th edition, Clarendon Press, Oxford, ppxii and 161

Connor, D. W., Gilliand, P. M., Golding, N., Robinson, P., Todd, D. and Verling E. (2006) *UKSeaMap: The Mapping of Seabed and Water Column Features of UK Seas*, Joint Nature Conservation Committee, Peterborough

Cooper, K. M., Eggleton, J. D., Vize, S. J., Vanstaen, K., Smith, R., Boyd, S. E., Ware, S., Morris, C. D., Curtis, M., Limpenny, D. S. and Meadows, W. J. (2005) 'Assessment of the rehabilitation of the seabed following marine aggregate dredging: Part II', in *Scientific Series*, *Technical Report* 130, Cefas, Lowestoft

Costanza, R., D'Arge, R., de Groot, R., Farber, S., Grasso, M., Hannon, B., Limburg, K., Naeem, S., O'Neill, R. V., Paruelo, J., Raskin, R. G., Sutton, P. and van den Belt, M. (1997) 'The value of the world's ecosystem services and natural capital', *Nature*, vol 387, no 6630, pp253 – 260

Davison, D. M. and Hughes, D. J. (1998) *Zostera Biotopes (volume I): An Overview of Dynamics and Sensitivity Characteristics for Conservation Management of Marine SACs*, Scottish Association for Marine Science (UK Marine SACs Project)

Defra (Department for Environment, Food and Rural Aff airs) (2002) *Safeguarding Our Seas: A Strategy for the Conservation and Sustainable Development of our Marine Environment*, Defra, London

Defra (2005) *Charting Progress: An Integrated Assessment of the State of the UK Seas*, Defra, London

Diaz, S. and Cabido, M. (2001) 'Vive la diff erence: Plant functional diversity matters to ecosystem processes', *Trends in Ecology and Evolution*, vol 16, no 11, pp646 – 655

Douvere, F. (2008) 'The importance of marine spatial planning in advancing ecosystembased sea use management', *Marine Policy*, vol 32, no 5, pp762 – 771

Drew Associates Ltd (2003) *Research into the Economic Contribution of Sea Angling*, Defra, London, p82

EC (European Commission) (1979) *Council Directive of 2 April 1979 on the Conservation of Wild Birds*, 79/409/EEC, EC

EC (1991) *Council Directive of 21 May 1991 Concerning Urban Waste – water Treatment*, 91/271/EEC, EC

EC (2002) *Proposal for a Directive of the European Parliament and of the Council Concerning the Quality of Bathing Water*, EC

EC (2007) *An Integrated Maritime Policy for the European Union*, EC, p575

Edwards, M., Richardson, A. J., Batten, S. and John, A. W. G. (2004) 'Ecological status report: Results from the CPR survey 2002/2003', in *Technical Report*, No 1, SAHFOS, pp1 – 8

Ehler, C. (2008) 'Conclusions: Benefits, lessons learned, and future challenges of marine spatial planning', *Marine Policy*, vol 32, no 5, pp840 – 843

Fletcher, H. and Frid, C. L. J. (1997) 'Impact and management of visitor pressure on rocky intertidal algal communities', *Aquatic Conservation – Marine and Freshwater Ecosystems*, vol 7, no 1, pp287 – 297

Foss, J. H., Mortensen, P. B. and Furevik, D. M. (2002) 'The deep – water coral *Lophelia pertusa* in Norwegian waters: Distribution and fi shery impacts', *Hydrobiologica*, vol 471, pp1 – 12

Fowler, D., Pilegaard, K., Sutton, M. A., Ambus, P., Raivonen, M., Duyzer, J., Simpson, D., Fagerli, H., Fuzzi, S., Schjoerring, J. K., Grance, C., Neftel, A., Isaksen, I. S. A., Laj, P., Maione, M., Monks, P. S., Burkhardt, J., Daemmgen, U., Neirynck, J., Personne, E. et al (2009) 'Atmospheric composition change: Ecosystems – atmosphere interaction', *Atmospheric Environment*, vol 43, no 33, pp5193 – 5267

Frid, C. L. J. and Paramor, O. A. L. (2006) *Marine Biodiversity and the Rationale for Intervention*, report to Defra from the School of Biological Sciences, University of Liverpool

Frid, C. L. J. Hammer, C., Law, R. J., Loeng, H., Pawlak, J. E., Reid, P. C. and Tasker, M. (2003) *Environmental Status of the European Seas*, ICES, Copenhagen

Frid, C. L. J., Hansson, S., Ragnarsson, S. A., Rijnsdorp, A. and Steingrimsson, S. A. (1999) 'Changing levels of predation on benthos as a result of exploitation of fish populations', *Ambio*, vol 28, no 7, pp578 – 582

Frid, C. L. J., Harwood, K. G., Hall, S. J. and Hall, J. A. (2000) 'Long – term changes in the benthic communities on North Sea fi shing grounds', *ICES Journal of Marine Science*, vol 57, no 5, pp1303 – 1309

Frid, C. L. J., Paramor, O. A. L. and Scott, C. L. (2006) 'Ecosystem – based management of fi sheries: Is science limiting?', *ICES Journal of Marine Science*, vol 63, pp1567 – 1572

Fritz, J. S. (2010) 'Towards a "new form of governance" in science – policy relations in the European Maritime Policy', *Marine Policy*, vol 34, no 1, pp1 – 6

Gabric, A., Gregg, W., Najjar, R., Erickson, D. and Matrai, P. (2001) 'Modelling the biogeochemical cycle of dimethylsulfi de in the upper ocean: A review', *Chemosphere – Global Change*, vol 3, no 4, pp377 – 392

Galay Burgos, M. and Rainbow, P. S. (2001) 'Availability of cadmium and zinc from sewage sludge to the flounder, *Platichythys flesus*, via a marine food chain', *Marine Environmental Research*, vol 51, pp417 – 439

Gooday, A. J. (2002) 'Biological responses to seasonally varying fluxes of organic matter to the ocean floor: A review', *Journal of Oceanography*, vol 58, pp305 – 332

Gowen, R. J., Mills, D. K., Timmer, M. and Nedwell, D. B. (2000) 'Production and its fate in two coastal regions of the Irish Sea: The influence of anthropogenic nutrients', *Marine Ecology Progress Series*, vol 208, pp51 – 64

Hall, K., Winrow – Giffi n, A., Paramor, O. A. L., Robinson, L. A. and Frid, C. L. J. (2007) *Mapping the Sensitivity of Benthic Habitats to Fishing in Welsh Waters – Development of a Protocol*, CCW (Countryside Council for Wales), Bangor

Hall – Spencer, J. M. and Moore, P. G. (2000) 'Impact of scallop dredging on maerl grounds', in M. J. Kaiser and S. J. de Groot (eds) *Effects of Fishing on Non – target Species and Habitats: Biological Conservation and Socio – economic Issues*, Blackwell Science, Oxford, pp105 – 117

Harte, J., Ostling, A., Green J. L. and Kinzig, A. (2004) 'Biodiversity conservation: Climate change and extinction risk,' *Nature*, vol 430, no 6995, doi: 10. 1038/nature02718

Hecky, R. E. and Kilham, P. (1988) 'Nutrient limitation of phytoplankton in freshwater and marine environments: A review of recent evidence on the effects of enrichment', *Limnology and Oceanography*, vol 33, no 4, pp796 – 822

Heesen, H. J. L. and Daan, N. (1996) 'Long term trends in non – target North Sea fish species', *ICES Journal of Marine Science*, vol 53, pp1063 – 1078

Herrando – Pérez, S. and Frid, C. L. J. (2001) 'Recovery patterns of macrobenthos and sediment at a closed fl y – ash dumpsite', *Sarsia*, vol 86, pp389 – 400

Horowitz, A. J. and Elrick, K. A. (1987) 'The relation of stream sediment surface area, grain size and composition to trace element chemistry', *Applied Geochemistry*, vol 2, pp437 – 451

Howe, R. L., Rees, A. P. and Widdicombe, S. (2004) 'The impact of two species of bioturbating shrimp (*Callianassa subterranea and Upogebia deltaura*) on sediment denitrifi cation', *Journal of the Marine Biological Association of the United Kingdom*, vol 84, no 3, pp629 – 632

Hughes, K. A. and Th ompson, A. (2004) 'Distribution of sewage pollution around a maritime Antarctic research station indicated by faecal coliforms, *Clostridium perfringens*, and faecal sterol markers', *Environmental Pollution*, vol 127, pp315 – 321

ICES (International Council for the Exploration of the Sea) (2004) 'Report of the working group on the assessment of demersal stocks in the North Sea and Skagerrak', in *ICES Council Meet Pap* 2004 *ACFM*: 07, pp1 – 555

ICES (2005) *Report of the Working Group on Ecosystem Effects of Fishing Activities (WGECO)*, ICES, Copenhagen

ICES (2006) *Report of the Working Group on Ecosystem Effects of Fishing Activities (ACE: 05)*, ICES, Copenhagen

Jackson, D., Lambers, B. and Gray, J. (2000) 'Radiation doses to members of the public near to Sellafi eld, Cumbria, from liquid discharges 1952 – 1998', *Journal of Radioecological Protection*, vol 20, pp139 – 167

Kenny, A. J. and Rees, H. L. (1994) 'The effects of marine gravel extraction on the macrobenthos: Early post – dredging recolonization', *Marine Pollution Bulletin*, vol 28, no 7, pp442 – 447

Kenny, A. J. and Rees, H. L. (1996) 'The effects of marine gravel extraction on the macrobenthos: Results two years post – dredging', *Marine Pollution Bulletin*, vol 32, no 8 – 9, pp615 – 622

Langston, W. , Chesman, B. , Burt, G. , Taylor, M. , Covey, R. , Cunningham, N. , Jonas, P. and Haw-kins, S. (2006) 'Characterisation of the European Marine Sites in south west England: The Fal and Hel-ford candidate Special Areas of Conservation (cSAC)', *Hydrobiologia*, vol 555, pp321 – 333

Leah, R. T. , Evans, S. J. , Johnson, M. S. and Collings, S. (1991) 'Spatial patterns in accumulation of mercury by fi sh from the NE Irish Sea', *Marine Pollution Bulletin*, vol 22, no 4, pp172 – 175

Liss, P. S. (2002) 'Biogeochemical connections between the atmosphere and the ocean', *International Geo-physics*, vol 83, pp249 – 258

Marine Fisheries Agency (2005) *United Kingdom Sea Fisheries Statistics* 2004, National Statistics/Defra, Lon-don Marine Fisheries Agency (2008) *United Kingdom Sea Fisheries Statistics* 2008, www. marinemanage-ment. org. uk/fisheries/statistics/documents/ukseafi sh/2008/fi nal. pdf

Matthiessen, P. and Law, R. J. (2002) 'Contaminants and their effects on estuarine and coastal organisms in the United Kingdom in the late twentieth century', *Environmental Pollution*, vol 120, pp739 – 757

MEA (Millennium Ecosystem Assessment) (2005) *Ecosystems and Human Well – being: Synthesis*, Island Press, Washington, DC

Moroni, S. (ed) (2006) *Evaluation in Planning: Evolution and Prospects*, Ashgate, Aldershot Mortensen, P. B. , Hovland, T. , Foss, J. H. and Furevik, D. M. (2001) 'Distribution, abundance and size of *Lophelia pertusa* coral reefs in mid – Norway in relation to seabed characteristics', *Journal of the Marine Biological Association of the UK*, vol 81, no 4, pp581 – 597

Naeem, S. and Wright, J. P. (2003) 'Disentangling biodiversity eff ects on ecosystem functioning: Deriving solutions to a seemingly insurmountable problem', *Ecology Letters*, vol 6, pp567 – 579

Naeem, S. , Loreau, M. and Inchausti, P. (2004) 'Biodiversity and ecosystem functioning: The emergence of a synthetic ecological framework', in M. Loreau, S. Naeem, and P. Inchausti (eds) *Biodiversity and Ecosystem Functioning*, Oxford University Press, Oxford, pp3 – 11

NMP (National Monitoring Programme) (1998) *National Monitoring Programme: Survey of the Quality of UK Coastal Waters*, Marine Pollution Monitoring Management Group, Aberdeen

Nixon, S. W. (1981) 'Remineralisation and nutrient recycling in coastal marine ecosystems', in B. J. Neil-son and L. E. Cronin (eds) *Estuaries and Nutrients*, Humana Press, Clifton NJ, pp111 – 138

Paramor, O. A. L. , Scott, C. L. and Frid, C. L. J. (eds) (2004) *European Fisheries Ecosystem Plan: Producing a Fisheries Ecosystem Plan*, University of Newcastle upon Tyne

Percival, P. , Frid, C. L. J. and Upstill – Goddard, R. (2005) 'The impact of trawling on benthic nutrient dynamics in the North Sea: Implications of laboratory experiments', *American Fisheries Society Symposi-um*, vol 41, pp491 – 501

Perez, M. , Usero, J. and Gracia, I. (1991) 'Trace metals in sediments from the Ria de Huelva', *Toxico-logical and Environmental Chemistry*, vols 31 – 32, pp275 – 283

Phillips, D. J. H. and Rainbow, P. S. (1989) 'Strategies of trace metal sequestration in aquatic organ-isms', *Marine Environmental Research*, vol 28, pp207 – 210

Pilskaln, C. H. , Churchill, J. H. and Mayer, L. M. (1998) 'Resuspension of sediment by bottom trawling in the Gulf of Maine and potential geochemical consequences', *Conservation Biology*, vol 12, no 6, pp1223 – 1229

Plasman, I. C. (2008) 'Implementing marine spatial planning: A policy perspective', *Marine Policy*, vol 32, no 5, pp811 – 815

PMSU (Prime Minister's Strategy Unit) (2004) *Net Benefits: A Sustainable and Profi table Future for UK Fishing*, PMSU, Cabinet Office, London

Pope, J. G. and Macer, C. T. (1996) 'An evaluation of the stock structure of North Sea cod, haddock and whiting since 1920, together with a consideration of the impacts of fisheries and predation eff ects on their biomass and recruitment', *ICES Journal of Marine Science*, vol 53, pp1157 – 1169

Prince, R. C. (1993) 'Petroleum spill bioremediation in marine environments', *Critical Reviews in Microbiology*, vol 19, no 4, pp217 – 242

Pugh, D. and Skinner, L. (2002) *A New Analysis of Marine – related Activities in the UK Economy with Supporting Science and Technology*, IACMST Information Document No 10, Inter – Agency Committee on Marine Science and Technology, Southampton

Rainbow, P. S., Geff ard, A., Jeantet, A. Y., Smith, B. D., Amiard, J. C. and Amiard – Triquet, C. (2004) 'Enhanced food – chain transfer of copper from a diet of coppertolerant estuarine worms', *Marine Ecology Progress Series*, vol 271, pp183 – 191

Rees, J. G., Ridgway, J., Knox, R., Wiggans, G. and Breward, N. (1998) 'Sedimentborne contaminants in rivers discharging into the Humber Estuary', *Marine Pollution Bulletin*, vol 31, no 3 – 7, pp316 – 329

Reid, P. C., Edwards, M., Hunt, H. G. and Warner, A. J. (1998) 'Phytoplankton change in the North Atlantic', *Nature*, vol 391, no 6667, p546

Reid, P. C., Fischer, A. C., Lewis – Brown, E., Meredith, M. P., Sparrow, M., Andersson, A. J., Antia, A., Bates, N. R., Bathmann, U. et al, (2009) 'Impacts of the oceans on climate change', *Advances in Marine Biology*, vol 56, pp1 – 150

Riesen, W. and Reise, K. (1982) 'Macrobenthos of the subtidal Wadden Sea: Revisited after 55 years', *Helgol銵 der Meeresunters*, vol 35, pp409 – 423

Roberts, J. M., Long, D., Wilson, J. B., Mortensen, P. B. and Gage, J. D. (2003) 'The cold – water coral Lophelia pertusa (Scleractinia) and enigmatic seabed mounds along the north – east Atlantic margin: Are they related?', *Marine Pollution Bulletin*, vol 46, no 1, pp7 – 10

Robinson, L. A. and Frid, C. L. J. (2005) 'Extrapolating extinctions and extirpations: Searching for a pre – fishing state of the benthos', *American Fisheries Society Symposium*, vol 41, pp619 – 628

Roskilly, L. (2005) *Marine Protected Areas and Recreational Sea Angling*, National Federation of Sea Anglers Conservation Group

Rumohr, H. and Kujawski, T. (2000) 'The impact of trawl fishery on the epifauna of the southern North Sea', *ICES Journal of Marine Science*, vol 57, pp1389 – 1394

Sagoff, M. (1998) 'Some problems with environmental economics', *Environmental Ethics*, vol 10, no 1, pp55 – 74

Sly, P. G. (1989) 'Sediment dispersion: Part 2, characterisation by size of sand fraction and percent mud', *Hydrobiologia*, vols 176 – 177, no 1, pp111 – 124

Somerville, H. J., Bennett, D., Davenport, J. N., Holt, M. S., Lynes, A., Mahieu, A., McCourt, B., Parker, J. G., Stephenson, R. R., Watkinson, R. J. and Wilkinson, T. G. (1987) 'Environmental eff ect of produced water from North Sea oil operations', *Marine Pollution Bulletin*, vol 18, no 10, pp549 – 558

Stern, N. (2006) *The Economics of Climate Change*, HM Treasury, London Swannell, R. P. J., Lee, K. and McDonagh, M. (1996) 'Field evaluations of marine oil spill bioremediation', *Microbiology and Molecular Biology Reviews*, vol 60, no 2, pp342 – 365

Tarpgaard, E., Mogensen, M., Gronkaer, P. and Carl, J. (2005) 'Using short term growth of enclosed Ø – group European flounder, *Platichthys flesus*, to assess habitat quality in a Danish Bay', *Journal of Applied Ichthyology*, vol 21, no 1, pp53 – 63

Trimmer, M., Petersen, J., Sivyer, D. B., Mills, C., Young, E. and Parker, E. R. (2005) 'Impact of long – term benthic trawl disturbance on sediment sorting and biogeochemistry in the southern North Sea', *Marine Ecology Progress Series*, vol 298, pp79 – 94 Turner, R. K., Paavola, J., Cooper, P., Farber, S., Jessamy, V. and Georgiou, S. (2002) *Valuing Nature: Lessons Learned And Future Research Directions*, CSERGE Working Paper EDM 02 – 05. Available at www. uea. ac. uk/env/cserge/pub/wp/edm/edm_ 2002_ 05. pdf, accessed 29 March 2010

UK BAP (Biodiversity Action Plan) (1995) *Biodiversity: The UK Steering Group Report – Volume II: Action Plans*, December 1995, Tranche 1, vol 2

UK BAP (1999) *UK Biodiversity Group Tranche 2 Action Plans – Volume V: Maritime Species and Habitats*, October 1999, Tranche 2, vol 5

UK CEED (Centre for Economic & Environmental Development) (2000) *A Review of the Effects of Recreational Interactions within UK European Marine Sites*, Countryside Council for Wales, UK Marine SACs Project

Valette – Silver, N. J. (1993) 'The use of sediment cores to reconstruct historical trends in contamination of estuarine and coastal sediments', *Estuaries*, vol 16, no 3B, pp577 – 588

Van Dover, C. L., Grassle, J. F., Fry, B., Garritt, R. H. and Starczak, V. R. (1992) 'Stable isotope evidence for entry of sewage – derived organic material into a deep – sea food web', *Nature*, vol 360, no 6400, pp153 – 156

Virginia, R. and Wall, D. (2001) 'Ecosystem function, principles of', in S. Levin (ed) *Encyclopaedia of Biodiversity*, Academic Press, San Diego, pp345 – 354

Vorberg, R. (2000) 'Eff ects of shrimp fi sheries on reefs of *Sabellaria spinulosa* (*Polychaeta*)', *ICES Journal of Marine Science*, vol 57, pp1416 – 1420

Worm, B., Barbier, E. B., Beaumont, N., Duff y, J. E., Folke, C., Halpern, B. S., Jackson, J. B. C., Lotze, H. K., Micheli, F., Palumbi, S. R., Sala, E., Selkoe, K. A., Stachowicz, J. J. and Watson, R. (2006) 'Impacts of biodiversity loss on ocean ecosystem services', *Science*, vol 314, no 3, pp787 – 790

第5章 国际渔业管理方法综述——作为生态系统方法和海洋空间规划的科学基础

安德鲁·J·普莱特（Andrew J. Plater）和杰克·C·赖斯（Jake C. Rice）编著，吉莉安·格莱格（Gillian Glegg）、斯图尔·汉森（Sture Hansson），马诺斯·卡特拉克斯（Manos Koutrakis），斯蒂芬·曼吉（Stephen Mangi），伊凡娜·马拉萨维克（Ivona Marasovic），夏洛特·马歇尔（Charlotte Marshall），蒂姆·诺曼（Tim Norman），泰梅尔·奥古兹（Temel Oguz），弗朗西斯·佩克特（Frances Peckett），西安·里斯（Sian Rees），莱斯利·里卡兹（Lesley Rickards），林达·罗德维尔（Lynda Rodwell），大卫·都铎（David Tudor）和内多·弗尔戈什（Nedo Vrgoč）亦有贡献

本章旨在：
- 概述能够为评价、决策、海洋规划和管理提供科学依据的数据和建模方法；
- 讨论利用可得到的证据基础、评价方法和共享知识使生态系统方法生效所面临的挑战；
- 考虑生态系统方法如何能让现有在海洋空间规划框架内使用的方法变得更加简易。

5.1 海洋管理的生态系统方法

海洋环境遭受的影响

海洋环境容易受来自海上和陆上人类活动的直接和间接影响（见表5.1）。不恰当的土地利用规划、小流域综合管理和日益增长的资源供给压力给全球的海岸带和近海水域都造成了直接和间接的影响（Agardy，2000）（见专栏5.1）。人们已经意识到，当前和未来的人类活动应该减少对海洋生态系统功能的严重损害。这在捕捞业尤为明显，

历史上渔业资源已经过度捕捞的海域和拥有传统渔业资源的某些海洋生态系统已经崩溃。例如，联合国粮食与农业组织（FAO）发布的《世界渔业和农业状况报告》指出，全球20%左右的渔业资源已经崩溃、过度捕捞或者正在从历史上的过度捕捞中恢复过来，还有60%的渔业资源已经全面开发（FAO，2009）。过度捕捞及其生境破坏造成的渔业灭绝区或濒临灭绝区也已出现（Powles et al.，2000）。除渔业资源外，渔业捕捞还会影响到生物体、生态过程，甚至整个生态系统。对生物多样性的影响最终将难以扭转，特别是对生境的损害可能会耗费几年或是几十年才能恢复。如果不能实施有效管理，无论是大规模还是小规模的过度捕捞活动，有时候会引起营养级采掘（Trophic mining）（例如，Pauly et al.，1998），从而降低位于较高营养级的高价值物种的丰度，捕捞对象转化为更低营养级的低价值的种类。

表 5.1　海洋生态系统受到的威胁

威胁类型
生境丧失或改变
海岸带开发（港口、城市化、工业场所、旅游业）
毁灭性的捕捞活动
沿海森林砍伐
采矿（珊瑚、集料、矿物质、疏浚航道）
土木工程
冲突造成的环境改变
水产养殖造成的生境改变
生境破坏
陆源污染引起的富营养化（如农业、生活废水、化肥）
污染：陆源有毒物质和病原体
污染：倾废、疏浚河道和水运污染
由淡水径流和海平面上升引起的河口卤化作用
外来物种入侵
全球变暖和海平面升高
过度捕捞
超过可持续水平的捕获量（低价值、高产量）
为满足高端市场需求（高价值，低产量）而超过可持续水平的捕获量
偶获物或兼捕物

资料来源：Agardy（2003）。

专栏5.1 波罗的海百年变迁

波罗的海沿岸有9个国家，除俄罗斯外都是欧盟成员国。在该流域居住着14个国家8500多万人。该海域使用方式多种多样，有时候是相互冲突的，包括排污、运输、旅游、娱乐、商业捕捞和家庭捕捞渔业、钓鱼等等。在这个生物贫瘠的微咸水域，海洋研究和监测历史悠久，这为理解和管理该海域提供了第一手素材。

有毒物质、富营养化和渔业是人类活动的最突出影响，预计将来还会受气候变化和酸雨的影响。有毒物质（DDT和PCB）导致灰海豹和白尾鹰这两种最高等级食肉动物濒临灭绝。在20世纪上半叶，捕猎使海豹数量减少了80%。在1960年到1970年期间，有毒物质致使剩余海豹数量减少了大半。有毒物质的减少使得海豹数量激增，恢复到前期水平并产生了新的问题。白尾鹰虽然同样受有毒物质之苦，但繁殖成效已经增加，其数量几乎是20世纪70年代后期的10倍之多。

一个世纪以前，波罗的海的初级生产力较低（换句话说，没有发生富营养化），海豹每年在该海域消耗30万吨鱼类。如今渔业每年捕获量达80万~90万吨。因此，海豹一度成为人类主要的竞争者，为增加捕捞量，20世纪初人类开始海豹间捕捞。现在，不断增长的海豹数量使得间捕捞海豹再次提上管理议程。白尾鹰并非和海豹同样的竞争者，但是，白尾鹰专门捕获鸬鹚和某些鱼类也被人们认为属于敌害动物。在过去100年间，波罗的海的营养负荷不断增加。浮游植物生产力的提高加速了沉积过程。在永久的盐跃层下面约70米处，大部分地区处于供氧不足或缺氧状态，导致底栖生物匮乏。在盐跃层的上面，不断增加的浮游植物沉积使得底栖生物数量增加。污泥处理装置改善了当地水质。如今，大多数营养盐来自于流域、水土流失和大气污染。通常，海域富营养化作用难以降低，大量营养物质将使得海域恢复寡营养状态经历漫长过程，这要花费几十年的时间。

鳕鱼在波罗的海高盐度的深海区繁殖。富营养化导致这些地区缺氧频率上升，而过去30-40年间的实例证明了深海区供氧条件与鳕鱼繁殖成功与否存在着清晰的关系。尽管20世纪初鳕鱼的繁殖条件优越，但是其数量却比如今的要少。生态系统模型表明这是较低生产力（较少的食品）和海豹的掠食造成的。

捕捞意味着杀害野生动物。认识到这一点，捕捞是潜在破坏环境的活动则变得显而易见。即使管理合理，捕捞也会造成渔业资源量大为减少。事实上，鱼类资源是较高营养级生物种群的主体，这就是为什么说捕捞可能会给生态系统带来显著影响的原因。波罗的海渔场的主要捕捞对象是鳕鱼、鲱鱼和鳀鱼。多年以来，这些鱼类的大多数捕获定额已经远远高于科学推荐值。因此，鳕鱼和鲱鱼受到严重的过度捕捞。鳕鱼资源在40年前就已经被高强度地开发。在20世纪70年代后期至80年代初期，渔业资源的增加使得捕获量也随之成倍增加。在那之后，尽管存在着繁殖问题，但是密集型捕捞仍然持续，最终导致了鳕鱼数量在2005年出现了历史低值。从20世纪80年代中期，管理不善每年造成的经济损失约1亿欧元。

当鳕鱼减少时，作为鳕鱼最主要的饵料的鲱鱼数量增加。尽管密集捕捞导致了鳕鱼资源的减少，但是其资源量仍然处于较高水平。在 20 世纪的最后 25 年内，鲱鱼数量降低了 75%。有两个因素造成了鲱鱼数量的减少，第一是因为捕捞限额严重超出了科学推荐值。另外，模型分析结果和鲱鱼捕捞减少也表明鳀鱼数量增加加剧了食物竞争，这是导致鲱鱼数量下降的另一个原因。自世纪之交起，鲱鱼捕获限额一直处于科学建议值以内，鲱鱼资源储量得以恢复。近年来，鳕鱼的捕捞强度减弱，2009 年其捕捞限额遵循了科学建议。同时，这些年来，繁殖量增加也使得鳕鱼数量相应增加。

大量鱼类、浮游动植物的长期监测数据表明，渔场不仅影响着渔业资源量，同时也关系着大部分的生态系统状况（Casini et al.，2008）。当捕捞减少、鳕鱼和鳀鱼资源量增加时，会导致对浮游动物的密集性捕食，从而导致浮游动物的大幅度减少。这降低了浮游植物的捕食压力，从而使得浮游植物的生物量得以增加。这意味着鳕鱼渔场的管理不善可能会在生态系统上放大富营养化作用。

控制有毒物质的行动已经取得了成功。目前的挑战是防止新物质引发的问题。污水处理装置已经降低了当地的营养负荷，但是却没有降低富营养化作用的迹象。由于富营养化作用，鱼类产量增加，但是随之而来的相关问题是，我们是否真的愿意看到更加寡营养化的波罗的海吗？重要的渔业资源已经被过度捕捞，但是近年来，捕捞强度减弱，鲱鱼和鳕鱼数量增加。如果未来捕捞限额依据科学建议确定，那么，在未来 10 年内波罗的海有毒物质含量低，丰富的渔业资源储量和捕获数量将成为现实。这甚至可能降富营养化作用带来的影响。不过，气候变化和酸化的潜在影响也应加以考虑。

斯图尔·汉森（Sture Hansson），斯德哥尔摩大学

为满足全球日益增长的食物安全供应量，需要加大资源开发，利用食物网中更多营养级的渔业资源。那么，大量初级消费者会减少，并导致食物网中较高级别生物的捕食对象减少（Jennings and Kaiser，1998）。

过去通常用来捕捞高价值物种的捕捞方法会有选择地影响其他物种（Dayton et al.，1995），例如，延绳钓可能会导致海鸟和海龟的死亡。与此类似，底拖网引起的生境改变可能会引起底栖动植物死亡，并破坏关键的生态过程（Auster，1998）。菲蕾德等人（Frid et al.，2006）总结了影响海洋生态系统的捕捞活动有：

- 直接捕捞目标物种；
- 直接改变特定种群的个体大小结构；
- 改变非目标鱼类和底栖生物的种群和群落；
- 物理环境方面的改变；
- 化学环境方面的改变；
- 食物链效应，例如营养级、改变捕食压力。

从英国视角来看，就空间范围和影响水平而言，捕捞是人类给海洋环境造成压力最大的活动（Collie et al.，1997；Rijnsdorp et al.，1998；Dinmore et al.，2003；Eastwood et al.，2007）。因此，英国的海洋空间规划框架就需要更深刻地认识到捕捞给地区和海洋景观造成的压力（Stelzenmüller，2008）。大量科学研究和海洋渔业管理的实践经验证明，以科学的视角考虑问题，用于生态系统影响评价的监测和模型，以及多部门管理战略对于解决人类活动和气候变化导致的一系列海洋环境问题是适用的。

生态系统方法：远景和政策

人类对海洋环境不断增加的压力增加了空间利用的复杂性，这需要保护业已遭受威胁并减少的生境（Douvere and Ehler，2007）。过去，海洋管理方法是分散单一的而不是复合型的，近年来，集成自然资源和环境管理的生态系统方法越来越受到人们的重视（Douvere and Ehler，2007）。

基于生态系统的管理（ecosystem - based management）和生态系统方法（ecosystem approach）的管理之间在某些方面是有区别的（两者并非完全不同）。尤其在用非英语语言进行阐述的国际背景下，这两个术语被翻译成比它们看起来有更多不同之处的两个概念了。基于生态系统管理的用法比生态系统方法管理的用法更为规范。"基于生态系统"意味着生态系统的需要是第一位，以把生态系统需求摆在首位、而人类需求次之的观点进行管理。"生态系统方法"使用日益频繁，并随部门政策和实践的不断调整而更适于反映生态系统压力和响应，避免出现较大误差。当二选一的时候，实际是在两个阵营中选择一个位置。比如，联合国粮农组织支持采用生态系统方法管理提供安全食品的重点行业，而具有保护职责的联合国环境规划署则通常使用基于生态系统的管理的提法。此处，我们关注的是生态系统产品和服务在支持生态系统方法管理中的作用，并尤为关注本文中提到的用来支持管理决策的工具、知识和数据。不过，这不排除考虑用于基于生态

人们很久以前就意识到应采用生态系统方法管理渔业，以此在更广阔的（环境、生态和社会经济）系统内管理物种（OSPAR，1992；Murawski，2007；Shin and Shannon，2010）。这种想法在若干国际公约和协定中得到体现，特别是1992年《生物多样性公约》、1995年《雅加达海洋和海岸带生物多样性指令》、1995年《渔业对食品安全可持续贡献京都宣言》、2002年可持续发展世界峰会。以生态的、可持续的方法管理环境在《生物多样性公约》生效后成为了一项法律约束（Frid et al.，2005）。在1995年，联合国粮农组织《负责任渔业管理行动守则》（Garcia，2000）为将生态系统因素纳入可持续渔业管理（Shin et al.，2010a）提供了一个参考。后来，2001年《雷克雅未克宣言》（FAO，2002）、2002年《联合国可持续渔业决议》、2005年《圣约翰宣言》和联合国大会A/RES/61/105号有关可持续渔业决议，要求各成员国使用生态系统方法进行渔业

管理。联合国粮农组织指出渔业应以一种能够满足社会多种需求和意愿的方式进行规划、发展和管理，在从海洋生态系统获得丰富资源的同时不损害子孙后代的利益（FAO，2003）。

通过《千年生态系统评估》，健康的、多产的生态系统的关键作用受到了更为普遍的重视，生态系统和人类健康、福祉（MEA，2005）之间的关系通过提供有形、无形的产品和服务连接起来。2005 年联合国大会批准的《包括经济社会因素的全球海洋环境状况报告和评估规范程序》（A/RES/60/30）以及为经常程序提供选择的"评价之评价"工作（UNEP and IOC/UNESCO，2009）做出了有关海洋环境方面的承诺。因此，当今模式是，保持和/或提高生态系统功能、地位和健康水平作为经济持续发展的基础。

生态系统方法提高了对土地、水和现存资源的保护以及合理、可持续性利用的管理水平（Frid et al.，2006），这依赖于对生态系统结构、过程、功能和彼此间相互作用的科学理解（CBD，2000）。实际上，库里和克里斯坦森（Cury and Christensen，2005）已经认识到针对渔业管理的生态系统方法需要整合各种组分的空间动态，并量化生态系统不同组分之间相互作用。生态系统方法使用战略性评价、海岸带管理和海洋空间规划等综合规划手段调节、管理和保护海洋环境（Tyldesley，2006；Boyes et al.，2007；Douvere et al.，2007）。决定海洋空间规划成功的关键因素是准确评价人类活动及压力的空间分布情况（Defra，2005）。因此，由渔业部门管理向更多海洋环境的综合管理的转变成为了国际趋势 [例如，1997 年加拿大《海洋法》，1998 年澳大利亚《海洋政策》，美国提议的《海洋政策》，以及英国的《海洋法》（Pascoe，2006）]。这种快速转变既是出于对多种海洋空间竞争活动间相互作用的考虑，也是出于对部门间相互影响的考虑。一些国家和政府组织倾向采用综合政策和跨部门管理的方式实现多部门整合。但是，另一些国家和政府组织反对建立分等级的决策。相反，他们主张加强对各部门复杂工作的管理，而且整合工作需要通过能够简化整合规划的框架来实现，而不是让参与者等待决策。

欧洲在制定综合管理框架上已经落后于其他地区（例如北美洲和澳大利亚）（Symes，2007）（见专栏 5.2）。《欧盟海洋战略》支持制定维护生态系统健康的海洋综合管理，确保了当代及后代对海洋环境的合理使用（Rice et al.，2005）。《海洋战略框架指令》（2008/56/EC 的指令）的最新一轮协商旨在建立基于生态系统整体的海洋环境政策框架。

专栏5.2　地中海渔业管理：新的方法和观点

地中海面积250万平方千米，占世界海洋面积的0.8%。透光层深水区和陆源营养物质的缺乏导致了透光层营养物质缺乏。营养不足也反映出渔业捕捞的水平，换句话说，大陆架捕捞量只有1.4吨/平方千米。而且东地中海的营养水平比西地中海的要低（Stergiou et al.，1997）。地中海有个拥有多种生境的狭窄大陆架，其扩展受到限制而且有不同特性，在大陆架里生活着许多生物周期重叠的海洋物种。

联合国粮农组织将地中海和黑海的渔场归并到一起，该渔场每年渔业捕捞量为150万吨，其中30%由小的远洋鱼种（沙丁鱼或鳀鱼）组成。这些种类一般生活于大洋生态系统，能够承受大规模捕捞活动。而且它们是其他重要种类（例如金枪鱼、鳕鱼、鲭鱼等）的主要食物。底栖鱼类直到1995年才成为欧盟国家主要捕捞对象，从这一年开始，这些鱼类产量开始下降（联合国粮农组织渔业数据库）。

地中海的渔业管理

地中海渔业捕捞的特点是船队零散，通常是由小船在不同渔场捕捞为数不多、但种类较多的鱼类。大多数捕获的鱼是稚鱼（0~1岁）。而且，由于没有适当的可捕捞总量（TAC）或适应性管理，渔业管理缺乏行政机关的监控。国际工作组直到最近才开展定期评估，但评价结果很少应用到管理中（Leonard and Maynou，2003）。而且，对同一个物种和大量休闲渔业活动的捕捞方法多种多样（超过捕捞量的10%）。

统计表明，在地中海有超过4 300艘工业化或半工业化的渔船使用拖网和围网进行渔业捕捞。但是包括沿海渔业和人工渔业在内的小尺度范围尤为重要。据估计，有超过40 000个小规模的单位在进行渔业捕捞活动。这个数字要小于地中海小渔船总量的半数。捕捞活动是地中海文化遗产的一部分，对很多群体来说，保持这种生活方式是其生活的组成部分。

地中海渔业主要问题是过度捕捞，半工业和工业化捕捞的发展导致很多渔业资源被过度开发。据联合国粮农组织称，许多地中海鱼类被过度捕捞，例如，只有金枪鱼是地中海唯一一种定额捕捞的鱼类。捕捞对海洋生态系统的影响（例如，对海神草草床的影响）是另一重要问题（Chuenpagdee et al.，2003；Van Houtan and Pauly，2007）。其他问题包括污染、非法和未报告的渔业活动、低水平的产业结构、本土海洋哺乳动物的影响、针对地中海（国家和欧盟层面）不科学的法律文件和技术方法、低水平的渔业资源监控以及缺乏监控渔业资源的科学组织和地区渔业团体。

而且，对很多捕捞对象来说，迅速加深的地中海导致了鱼类在"子遗物种区"产卵，这是由于大的、老的雌鱼因生活的深度低于许多捕捞的深度而可以产卵。在更深处捕捞的新技术给原来生活"在子遗物种区"的鱼类带来了威胁。

欧洲方法和新观点

欧盟委员会（EC）经过认真协商，达成了修订《共同渔业政策》（CFP）的共识，这项改革旨在确保在生物、环境、社会和经济条件下的渔业的可持续发展。不仅局限于地中海水域，这项新的《共同渔业政策》面临的主要挑战是：渔业资源量下降；减少捕捞量；过多的船舶；连续的失业；以及缺乏有效控制和惩罚。为了处理船队开工不足的问题，欧盟委员会提出了减少捕捞的措施。除此之外，欧盟委员会试图加强修订后的《共同渔业政策》在地中海的实施，而地中海的情况与北方渔场的情况远远不同。在地中海，捕捞量下降，捕捞的鱼类越来越小，一些鱼种也变得更加稀有。地中海船队捕捞数量的减少和对环境影响的减少，有赖于加强规章执行、加强渔民与科学家之间的合作。对于《共同渔业政策》可靠性和有效性至关重要的一点是，委员会同意的规章被正确、公平地应用到欧盟和公海内的欧盟船队。目前，地中海专属经济区或渔业保护区的范围并不一致。欧盟委员会认为划定渔业保护区对于改进渔业管理是有重要贡献的，大约有95%的捕捞量是在沿岸80千米处。这些渔业保护区易于控制非法、未报告和无管治（IUU）的捕捞活动。而且为了保护渔业资源，欧盟委员会在2000年决定对《共同渔业政策》进行科学评估（欧盟第1543/2000，1639/2001，1581/2004以及199/2008号规章）。决定采集船队和活动数据（船舶数量、总吨位、发动机动力、船龄、用具、海上作业时间、每类船舶捕捞努力、捕捞技术和地区），收集主要商业渔业资源（通过对捕获物的监控和通过该海域内对渔获量和丢弃的兼捕鱼类的调查）及其生物、经济、社会数据。

欧盟另一个对渔业有价值的方法是海岸带综合管理，该方法旨在实现海岸带自然资源的可持续使用并保持生物多样性、提高海岸带社会和经济的繁荣度，并使有冲突的沿海经济部门之间的合作变得更加便利。这有助于解决许多其他活动中的渔业冲突问题，即使它们已经发展到拥有强大的经济和政治权利，例如，旅游、航行、渔业捕捞和水产养殖。

2008年4月，欧盟委员会公布了应用生态系统方法进行渔业管理对于海洋管理作用的一则信息。虽然《栖息地指令》（1992）和《鸟类指令》（1979）等其他政策文件中已经有了生态系统方法，但是生态系统方法是《欧盟海洋战略》的核心（1992）。在本文中，欧盟委员会概述了《共同渔业政策》如何能够成为成熟方法的一部分，该方法可以保护我们海洋生态平衡以作为子孙后代健康、幸福的可持续资源。《共同渔业政策》的基本目标包括使用渔业管理预警原则和生态系统方法，但是为了实现应用生态系统方法管理地中海渔业，实际上仍然需要做大量的工作。

开发地中海沿海区域渔业资源必然要求使用人工繁育技术（Farruggio, 1989）。一些专家争论在群体水平上对小规模渔业进行适当管理，可以促进沿海资源的可持续利用（例如，Pauly, 2006），虽然有人指出不可能对上百个港口的数千只小船内的数以万计的渔夫实现有效管理。不过，实际上在许多案例中，虽然小规模渔业可能比大规模渔业更加具有可持续性，但因为距离遥远、缺乏基础设施和政权边缘化而处于劣势。在渔业资源竞争和高额资助的工业船队的市场准入条件下（Ponte et al., 2007），小规模渔业可能更处于劣势。而且，即使人工渔业在很多地中海国家仍然占据优势，但是从经济和社会角度来看，在过去半个世纪里人工渔业已经衰退并降到不重要的位置上，引起了风俗和传统的腐蚀（Charbonnier and Caddy, 1986）。人工渔业的复苏需要对正在快速老化的人类和自然资本进行重建实现现代化，但是也面临着危险，即现代化可能会忽略人工渔业比工业渔业危害更小、可持续性更大的特性。

欧洲水域接受属地管理历史悠久。科利特（Collet, 1999）指出，地中海属地管理体制源自公元前3 000年，经中世纪的行会和协会（法国的Prud'homie、西班牙的Confradias），直至现在对渔业领土和准入规章的承认。基于领土的属地管理传统说明了海洋的共有水域资源如何能够从适当、有效的管理中获益（Andaloro et al.，2002），尽管当时的影响可能维持在较低水平，不是因为受低水平的渔业技术或渔民流动性而是受管理方式的限制。如今很多发展中国家使用领土用户认股权（Territorial User Rights）共享海岸线，这种方式对可持续管理固定权限给予奖励。

沿海资源认股权是一种新兴的沿海渔业管理方法。在地中海，执行规章制度的问题意味着基于管理的奖励，或者对管理过程中逐渐增加的渔民参与者的间接奖励，最终能更有效地控制捕捞活动。产量控制，例如定额，包括独立定额和独立可转让的定额（ITQs：转让或者交易的TACs，是为海区内渔船共享的每一物种设置的定额）可以应用在某些渔场，因为他们可以在分配共享资源方面证明自身优势。长期定额分配在保护渔业资源方面给渔民们带来了利害关系，自由竞争捕捞会最终导致鱼类资源的崩溃。不过，这种方法会导致拥有捕捞本地渔业资源权利的传统捕捞团体间严重的公平问题。

地中海的管理是被动的、僵化的和缺乏预见性的。适应性管理的主体政府、渔民和科学家间缺乏信息反馈（Leonard and Maynou，2003）。为了克服这些局限性，方法应用过程应考虑到国际合作。地中海渔业委员会（GFCM）、大西洋金枪鱼渔业保护委员会（ICCAT）和其他地中海新兴团体（如东地中海、亚德里亚地中海、南地中海、中地中海）将会在该项任务中发挥重要作用。不过，管理越复杂，实施就越困难，而且需要强化监督。因此，渔船多、规模小的人工捕捞解决该方法似乎是不可能的。而且渔民参与关键决策过程是政策实施和成功管理的决定因素。就这方面而言，实施生态系统方法提出了需要克服的严峻的现实问题，尤其是在参与和执行过程中。

马诺斯·卡特拉克斯（Manos Koutrakis），渔业研究所，
希腊农业调查基金会

海洋环境综合管理需要更多参与者的加入。这些群体有不同的目标，并且在海洋环境组分上有不同的价值取向（Pascoe，2006）。他们也有不同的风险，承担决策中关于社会、经济和生态方面的代价（Rochet and Rice，2005；Rice and Legacè，2007）。此外，由于生态系统方法给出了共同的重要目标，国家或区域的管理优先权有所不同，这种不同与国家或地区经济所依赖的海洋资源相对重要性有关。

因此，当就一些部门和国家所利用的某个海域内海洋资源的多种用途达成协议时会产生潜在冲突。发达和欠发达国家在海洋生物资源问题上表现出了强烈的对立立场（Ridgeway，2009），这些海洋生物资源即将消耗殆尽，比如，南太平洋上拥有高额渔业产量并对生态旅游感兴趣的国家经常反对渔业管理（UN General Assembly 2009 Fisheries Resolution）。

通过为不同利益相关者创建共有账户，经济评估提供了重要的决策框架（Pascoe，2006）。例如，巴姆佛德等人（Balmford et al.，2002）通过描述产品和服务在不同情况下获益的差异，比较了未受干扰的不同生态系统和为了经济发展而改变的生态系统的

价值差异。以此为基础，综合管理是在彼此竞争的使用者之间进行资源分配的过程，在不同管理重点的情况下，各自获得最大收益。为了保证资源在竞争部门间的最佳分配，需要评估海洋环境的不同用途（包括非市场化的产品和服务）。

海洋资源、生境和用途处于不同的空间和时间（Ehler and Douvere，2009）。因此，成功的海洋综合管理需要能够理解这种时空差异。大多数政府赞同有科学依据的海洋环境管理，支持科学研究发挥应有的作用（Jennings，2009）。科学研究用于理解人类活动产生的不同压力，以及这些压力将如何因不同管理方案而改变，从而预测管理的结果。在为决策提供建议方面，普遍接受的科学研究的作用是，科学研究是客观建议的公正来源，可以指导整个管理的政治过程（UNEP 和 IOC/UNESCO，2009）。

气候变化对理解海洋生态系统的时空模式带来了新的挑战。大洋里不断增加的二氧化碳和气候变化的物理影响很可能导致海洋和海岸带生态系统的巨大变化（Higgason and Brown，2009）。外部驱动力，例如影响浮游植物的水文和大气动力（Dickson et al.，1988；Richardson et al.，1998）以及浮游动物群落动力学（Krause and Trahms，1983）会对生态系统动力学产生部分影响。气候变化也影响着渔业资源的数量、死亡率、分布和洄游（Jennings et al.，2001）。因此，需要努力提高预测的可靠性并降低现有知识中影响渔业资源外部驱动力的不确定因素（Frid et al.，2006）。

预警方法①已成为改进渔业管理方法的基础（FAO，1996；Richards and Maguire，1998；Rochet and Rice，2009）。运用现有知识（从数据的时间序列、实验室分析工作、微型、中型实验和模型中）采取行动，但是该行动必须基于监测数据来跟踪评估过程的变化。这将有助于确保捕捞的可持续性和由鱼类死亡率降低带来的不确定性（Stefansson，2003）。预警管理方法要求甄别生态基准点，以此为标准才有可能确定管理目标（Greenstreet and Rogers，2006）。鲁宾逊和弗里德（Robinson and Frid，2003）指出，需要研究基准点，以系统层面的自然特征作为衡量生态系统健康的标准。但这种方法的局限之一是使用哪些特征作度量标准，这些标准在特定压力下的变化方式以及度量标准的期望值是什么（Hall，1999；Rice 1999）。除此之外，目标的实现要依赖科学家对于海洋系统态系统特性和功能、捕捞对生态系统的影响、资源保护管理措施效果的评价和表达（Shin et al.，2010b）。

管理的真正挑战是确定关键限制点，换句话说，在不损害生态系统功能的情况下，人类活动的类型和水平是可持续的，从而在对生态系统其他组成部分影响最小情况下使可持续的目标最大化。这无疑是个科学议题（Frid et al.，2006）。

_____

① 1992 年在里约热内卢举行的联合国环境与发展大会将预警方法（precautionary approach）写入《里约宣言》第十五条：“为了保护环境，各国应根据本国的能力广泛应用预警方法。当存在严重或不可逆危害的威胁时，不得以缺乏充分的科学证据为理由，延迟采取符合成本效益的措施以防止环境退化。”——译注。

5.2 决策支持数据和模型

科学有助于评估目标的可测性、可达性或可适性，也有助于评估实现目标所应采取的综合措施是否得当（Jennings，2009）。科学技术能够量化、定义和评估海洋环境现状，对于生态系统现状的测量和解释的方法有助于社会选择目标及到达的路径。弗里德等（Frid et al.，2006）认为，渔业管理实现基于生态系统的管理面临两类障碍：一是对生态系统缺乏足够深入的科学认识（包括生态系统中的人类部分）；二是运用科学方法进行管理。精细化的生态系统方法，某种程度上也包括海洋保护区，需要渔业和学术界研究新的或采用已有方法使其更具操作性（Rochet and Rice，2009）。这些新旧方法的应用领域之一是通过再采样更充分地了解评估工作中存在的不确定性，从而使相关顾问和决策者明确决策过程中的不确定性信息基础（例如：Patterson et al.，2001；Berkson et al.，2002）。这些方法的另一应用领域是利用模拟方法，这些模拟方法采用约定俗成的决策规则（FAO，1996；Garcia，2005），而且其性能特点已通过模拟研究和渔业管理实践得到验证（Stokes et al.，1999；Punt et al.，2001；Butterworth and Punt，2003）。本章这一部分将阐述基于生态系统方法的海洋环境管理中有关数据和模型的应用问题。

5.2.1 指标

学术界面临的一大挑战是如何建立一套指标体系，准确地表征渔业对海洋生态系统的影响，并促进形成良好的沟通和管理实践（Shin and Shannon，2010）。指标在管理中具有两大意义：①评估上一阶段管理行为达到生态、社会和经济目标的效率（后评价功能）；②指导未来拟进行的管理决策（控制功能）（Rice and Rivard，2007）。在渔业管理战略中，重点是利用指标的控制功能：通过比较当前指标值与基于生态或社会的参照值之间的差异得出对下一年管理行动的科学性建议（Garcia and Staples，2000；Defra，2002；Rice and Rochet，2005）。多年来，渔业管理的焦点集中于运用一系列产卵种群生物量（SSB）指标和捕捞死亡率指标作为评估的核心和管理建议的基础（Beverton and Holt，1957；Ricker，1975；Jennings，2005；ICES，2006）。

指标运用、基准点确定和目标设定的最终要求是指标应主要反映对人类活动的管理，并且能够充分反映这些活动的影响和对管理的反馈（Rice，2000；Jennings，2005；Greenstreet and Rogers，2006；Rees et al.，2008；Blanchard et al.，2010）。指标体系包括以个体大小为基础的指标（Shin et al.，2005）、以营养（Cury et al.，2005b）或生命史为基础的指标（Jennings et al.，1999；Greensteet and Rogers，2006）以及经认真筛选并经相关性评估的指标框架（Rice and Rochet，2005；Rochet and Rice，2005；Piet et al.，

2008）。环境和低营养级指标在空间上以较为明确的形式反映了环境变化和自下而上的相关效应，但环境变化对高营养级（如气候变化）全球影响的体现不够深刻（Cury and Christensen，2005）。顶级捕食者或高营养级指标反映了鱼类群落等有关渔业资源开发的变化。自上而下的效应（如营养级联）可以采用营养动力学指标来量化，此类指标可用于衡量不同生物种群间相互作用的强度以及渔业资源开发引起生态系统结构变化的强度（Cury and Christensen，2005）。

关键种被认为是反映生态系统生物多样性最重要的指标（Cury et al.，2003）。关键种是对群落或生态系统影响巨大，以至于其影响程度同其自身丰度完全不成比例的物种（Power et al.，1996）。关键种一般位于接近食物网顶级的营养级，其原因在于关键种通过对其他物种的摄食、竞争和生境特征的演化来影响群落或生态系统。也可根据生态系统组成物种间的捕食者与被捕食者的关系来描述生态系统的组成（Pauly et al.，2002）。鱼类平均营养级指标（TL）（如，TL1＝食物网最底层的藻类，TL4＝以高级或低级营养级为主要食物的大型鱼类）可作为水生生态系统是否可持续捕捞的重要指标之一。由于渔业生产往往导致作业区域可捕鱼类数量的减少，因此，鱼类平均营养级指标亦随之降低。这在一篇有关北大西洋鱼类资源的研究论文中得到证实，该研究指出北大西洋肉食性鱼类总量在 20 世纪后半叶下降了 2/3（Christensen et al.，2001）。平均营养级指标不随鱼类群落的个体大小组成的变化而成线性比例变化，因此，规模和平均营养级指标应同时使用（Pope et al.，2006）。

根据穆拉夫斯基（Murawski，2000）的研究，为使生态系统方法在管理中发挥更大的作用，必须研发明确、量化和可预测的生态系统状态和生态系统能量流动测量方法，以表征：

- 生态系统及其各组分的生物量和生产力；
- 不同层次的生物多样性；
- 资源可利用模式；
- 社会经济收益。

整合生态系统层面信息的有效方法，是利用认真筛选的适当指标反映生态系统尺度的影响，并且在这些大尺度层级上评估管理测度方法的有效性（Shin and Shannon，2010）。生态系统状态综合指标包括个体大小分布谱和生物量曲线（Bianchi et al.，2000）。当前出现的指标一般来源于生态系统模型，或生态系统对食物网摄食关系的稳定性及抵抗力模型（Rice，2000）。由于指标包含的信息过于繁杂，很难评估替代管理方案的效率，因此也难以在决策支持中充分使用。同时，在实践中，健全的管理策略倾向于采用一系列指标，从而为生态系统状况评估提供更有力的证据，并降低不确定性（Mayer and Ellersieck，1986）。生态系统评估指标的数量在过去 10 年中如雨后春笋般增加（Cury and Christensen，2005；Piet et al.，2008），这对传统的单物种评估方法和管理方法做出了有益补充，但相较于正面的补充作用，指标增加造成的概念混淆却更为明显（Shin et al.，2010a）。在这方面，建立于2005年的 Indiseas① 工作组，在欧洲海洋生态系统分析卓越网络（Eur – Oceans Network of Excellence）的资助下，针对海洋生态系统开发利用开展了基于指标的评估方法研究。一项对19个渔业生态系统的比较研究得出这样的结论：需要建立一套生态系统评价指标体系以解决在评价不同生态系统属性时，不同评价指标带来的信息不一致问题。然而，不论对于生态系统发展趋势判断还是管理政策的选择，制约指标选择最大的问题在于不同生态系统的数据可获得性，而非可选指标的选择标准。此外，评价指标针对各生态系统应具有可比性，并具有低成本的可操作性（Shin et al.，2010a）。最终建立的指标体系，在各类别中至少有一项指标（个体大小、种类、营养动力学、压力、生物量），在各类管理目标中至少也有一项指标。该研究在每项管理目标中选择了2项量化指标（表5.2）。计算这些指标的数据源于多种途径，包括科研调查、商业途径、总量估算，以及物种指数估算（物种寿命、平均营养级指标）。

表5.2 Indiseas 工作组选择的生态系统评价指标以及指标要满足的对应管理目标

指标	类型	状态评价/趋势预测（S 为状态评价，T 为趋势预测）	管理目标
平均长度	鱼类长度	S, T	EF
各分布层的营养级	平均营养级	S, T	EF
低中度开发利用种群所占比重	健康种群占比	S	CB
肉食性鱼类所占比重	肉食群占比	S, T	CB
平均寿命	寿命	S, T	SR
总生物量的 I/CV 比	生物量稳定性	S	SR
调查物种的总生物量	生物量	T	RP
I/（层级/生物量）	渔业捕捞压力	T	RP

管理目标：CB = 生物多样性保护；SR = 生态系统对干扰的稳定性及抵抗力；EF = 生态系统结构和功能保护；RP = 资源开发潜力保护。

来源：Shin et al.（2010a）。

鱼类种群状态评价相对困难，具有相当大的不确定性；生态系统评价的任务更具挑战性，这是因为至今几乎没有描述生态系统水平的基准点（Jennings and Dulvy，2005；Greenstreet and Rogers，2006；Shin et al.，2010a），仅能获得尚不完整的数据集，而生态系统的非线性系统特征也难以用建模的方式描述或预测。一些用于评估渔业对生态系统群落结构影响的指标已经提出，但这些指标的应用受到条件的限制（Rice，

---

① IndiSeas 是 "indicators for the seas" 的缩写。IndiSeas 项目是多个机构协作完成的项目，每一类生态系统都有一至两名专家代表，负责计算必要的指标、提供背景资料，并概述该生态系统的状态。指标序列目前截至2005年，但数据库将定期更新。该项目由联合国教科文组织的政府间海洋学委员会、欧洲海洋生态系统卓越网络、发展研究所（IRD）和欧洲 MEECE 项目联合资助。详见 http：//www. indiseas. org——译注。

2000），同时对基准点的评价方法的验证还远远没有开始（Rice，2009）。

5.2.2 模型

（1）单物种模型与多物种模型

过度捕捞造成的渔业资源减少会随着禁渔政策或渔业可持续政策的实施而恢复至接近于原有资源水平（Hardy，1956）。这是单物种鱼类总量模型的基础，这一模型中的渔业资源规模仅受渔业发展压力影响，表现为鱼类死亡率或渔业产量指标的变化（Schaefer，1954；Beverton and Holt，1957）。这些模型使用至今，并经多次改进和演化形成了更为科学严谨的形式，为确定最大持续渔获量（MSY）提供了科学指导。这些改进模型的运行需要分年龄组的数据，因此，政府往往要耗费大量精力去收集这些数据（历史性数据、阶段性数据）并对数据做出分析解释（Pauly et al.，2002）。传统的单物种评估模型，主要受到社会经济影响难以准确估计，因此，只能为渔业发展决策提供部分有效信息，同时，受数据信息不完整和不够精准的影响，种群动力学模型也受到较大程度的不利影响。近年来的重大转变使人们越来越意识到：单物种评估已不能完全适应渔业可持续管理的要求（Pikitch et al.，2004）。事实上，为了将生态系统方法进一步融入到渔业管理工作中，提高渔业管理的效率和效果，单物种评估和生态系统整体评估逐渐被相互结合和相互补充（Shin and Shannon，2010）。霍罗德等人（Hollowed et al.，2000）在渔业影响评估工作中，对多物种模型是否比单物种模型更具先进性这一问题进行了综述。多物种模型的优势主要是对死亡率和自然增长率的估计更贴近真实，但在解释模型运行结果时必须谨慎小心，因为多物种模型的参数高度敏感，且模型的前提假设是物种总量处于稳定状态。此外，研究显示，大多数多物种模型只能模拟生态系统过程中的一小部分重要影响因素，而这些因素对不同物种和年龄组的生物具有极其不同的影响。尽管多物种模型和生态子系统模型，越来越广泛地用于解决有关政策管理和政策评估的战略性问题，但单物种模型仍未消失，而是继续活跃在渔业配额调整等年度管理工作中。这使得我们可在较大的生态系统尺度框架下，根据发展趋势对渔业管理等战略性工作做出判断和长期决策，而年度渔业配额等短期决策则可根据短期的最新数据信息做出。

采用生态系统方法的目的是评估渔业对生态系统的广泛影响，换言之，对生态系统的捕食者、竞争者、饵料生物、兼捕物种以及重要生境做出评估。因此，必须在生态系统尺度对开发利用物种进行评估。同时必须理解和预测（如有）不断变化的环境条件对产量的重要影响，保证开发利用水平与种群生产力相适应（Koslow，2009）。

（2）生态系统模型

国际海洋考察理事会（ICES，2000）持以下观点，即不同模型就渔业发展对生态系统的影响的模拟具有不同作用，主要有以下7类模型：

①基于生境的模型——用于研究渔业发展导致生境范围改变所引起的最适宜生境

条件下的种群规模变化。

②基于群落指数的模型——用于研究和描述渔业开发导致群落指数的改变。

③基于捕食关系的单物种模型——用于研究和描述渔业开发干扰下考虑单向营养反馈机制的单物种模型。

④多物种生产力模型——用于研究和描述渔获物种及其捕食者和被捕食者间相互影响造成的种群规模变化。

⑤多物种动力学模型——用于研究和描述渔业发展干扰下同时考虑到空间动力学变化和种群年龄大小结构变化在捕食与被捕食关系的变化。

⑥生态系统整体模型——从食物网和能量平衡的角度出发，研究和描述能量流动、碳循环或系统整体生物量变化。

⑦基于年龄大小结构的生态系统模型——与生态系统整体模型的不同之处在于其个体功能群整体性较低，而在动态变化上有更大的时空分辨率。

目前生态系统模型已经演变成为支持管理决策的有力工具。生态系统动力学模型可以针对渔业对生态系统的影响改进相关措施，这是因为模型既可以评估生态系统现状，也能预测不同渔业情景影响所导致的生态系统未来变化（参见专栏5.3）。模型还可检验相关指标变化，如能量流动指标或平均营养级指标（Robinson and Frid, 2003）。在这方面，生态系统模型已经较为成熟地应用于生态系统现状评估，而其作为具有重要意义的预测模型工具还未被充分开发利用。此外，能量流动和平均营养级指标具有反应滞后性，故其最多只能在以10年为单位的大尺度上对管理措施效果具有反馈作用。这是模型的一大缺陷。

专栏5.3　黑海物理生态系统模型

黑海总体上（特别是西海岸及相关流域）在20世纪70年代和80年代遭受了严重的生态损害，其主要原因是迅速加剧的富营养化、化学污染、生物量下降（主要是鱼类）、外来物种入侵和气候变化。这些标志着黑海生态系统功能和结构遭到了严重破坏。其结果是，生态系统群落的生态服务价值大幅度降低，以致该地区的可持续发展进程濒临崩溃。

对黑海当前状态的评估结果显示：

• 西部海域仍然受到严重的氮输入污染影响；

• 浮游生态系统已取得了较大改善，恢复到相当于20世纪80年代水平（但仍未恢复到60年代的水平）；

• 气候变化（20世纪80年代气候偏冷，90年代气候偏暖）对生物量和物种优势度的变化起至关重要的作用；

• 底栖生态系统至今并未有效恢复，其彻底恢复预计将需要更长的时间。浅海（小于30～40米的深度）继续被机会种控制，但整体呈现好转迹象；

- 以多种群为对象的渔业是不可持续的。肉食性鱼类难以得到恢复。当前的威胁包括：非法捕捞和破坏性捕捞；渔业管理缺乏区域合作；水体富营养化引起的食物网结构不稳定。

诸多先前对生态系统某个威胁开展单独管理的尝试均以失败告终。其主要原因是海洋生态系统是复杂的自适应系统和非线性系统。近期有关对人类社会和海洋生态系统的独立性或累积性干扰影响（特别是数十年的大时间尺度下）的定性或定量的数据解释支持了这一观点。这说明解决这些问题需要寻求包括科学研究和政策管理在内的整体方法，进而需要实施社会、法律、经济和生态系统机制及测量方法等方面的综合措施。

黑海生态系统模型的基本理论是食物网结构以及对其施加影响的各类外部因素，如水文气象因素（物理因素、生物因素）、资源富集（富营养化）、过度开发和外来入侵以及食物网内不同营养级间的内部和相互关系及自上而下的摄食关系。物理生态系统模型框架是这模拟生态系统物理过程的框架，模拟了季节性分层/转换现象造成的物质循环和垂直结构变化以及因之发生的水质变化（营养盐浓度、离子浓度），包括生物量、营养作用、幼体扩布、生态系统动力学、营养循环等生态系统模型与之密切相关的因素。

模型在黑海基于生态系统管理的过程中发挥了重要作用。利用模型对生态、经济和社会因子的全面监控，可以全面反映政策制度和气候变化等自然或人为、外生或内源的干扰下生态系统的时空综合变化。但是，在黑海沿岸和流域有关国家现有的经济能力背景下，对黑海生态系统做全方位的综合监控还不切实际。因此，需要研究和运用端对端食物网模型（这依然是巨大的挑战）。当前，由于缺乏生理特征模型的观测数据，在物种和种群层面建立高度非线性海洋生态系统动力学模型还存在一定困难。为实现生态系统的可持续发展，要把社会、法律、经济和生态机制的平衡等放在同样重要的位置加以考虑，以实现生态系统资源输出和对人类提供的生态系统服务价值的可持续发展。

黑海基于生态系统的管理面临的其他困难包括：自然科学和社会科学之间缺乏沟通（这对于建立起多尺度的、面向过程的生态系统动力学模型是至关重要的），沿岸各国缺乏政策激励，缺乏足够的训练有素的专业人员，资金不能得到长期保证以维持相关科研活动。

泰梅尔·奥古兹（Temel Oguz），中东科技大学，海洋科学研究所

两个最为常用的模型是 Ecopath 模型和 Ecosim 模型，这两个模型考虑了渔业资源总量和相关作用关系。Ecopath 与 Ecosim 联合模型（EwE）既包含了生态系统营养总量平衡分析（Ecopath 模型），也具备生态系统动力学模拟的能力（Ecosim 模型），因此，EwE 模型既可评价过去和未来渔业和环境干扰造成的影响，也可为渔业决策做技术支撑（Pauly et al., 2000；Christensen and Walters, 2004）。Ecopath 是总量平衡模型，该模型的建立基础是物质平衡和能量平衡。能量平衡可描述为：消费量 = 生产量 + 呼吸量 + 同化量。Ecosim 是基于时间系统的模型，基于一系列耦合差分方程所表示的生物量动力系统组成。该模型可预测消费量、生活史、营养循环和限制、食物网循环和累积

示踪、营养动力学、补偿机制、参数敏感性、拟合时间序列数据、最佳渔业政策情景模拟和循环模拟。Ecosim 模型可采用空间的形式表现（Ecospace 模型），便于研究政策对生态系统的空间效应。事实上，Ecospace 模型是一种基于空间的模拟方式，可以根据用户定义的网格地图预测混合速率、渔业空间模式、海流和季节性迁移，据此动态分配生物总量。但是由于数据限制时常无法满足用户定义参数的需求，某些参数的空间模拟结果不够准确客观。

根据克里斯坦森和沃尔特斯（Christensen and Walters，2004）的研究，EwE 模型的预测偏差通常来自参数过于有限而导致的错误估计，并非是因各类输入信息不确定性的"扩散"造成的。事实上，生态系统营养级多物种模型比单物种模型需要更多的数据。由于处理过程相当复杂，模型模拟所获得的结果中的不确定性难以量化。在一项以 EwE 方法为研究对象的研究中，普洛加尼和巴特沃斯（Plagányi and Butterworth，2004）认为 EwE 具有明显的优点，也存在诸多不足，这些不足包括：总量平衡假设、生命过程响应问题处理、种群过度代偿、尺度外推问题、部分数学方程中的不一致现象、输出数据的质量和数量问题、对输入数据和模型结构的不确定性考虑不足等。此外，对模型行为缺乏系统性验证，使我们必须谨慎对待 EwE 模型的非核心用途。然而，EwE 模型的应用证实了其在空间管理影响评价的确定性过程中的重要性，这是简单模型难以实现的（Babcock et al.，2005）。

生态系统模型可用于评估影响因子变化对生态系统的影响及其程度（Petihakis et al.，2007），但是缺乏关于渔业相关因子和关联数据，使得 Ecopath 和 Ecosim 等类生态系统模型在很多领域的应用存在困难。与此同时，在过去 10 年中，一系列针对营养级的生态系统动态模型逐渐开发出来（例如，Hall，1994；Tusseau et al.，1997；Chifflet et al.，2001；Crispi et al.，2001；Triantafyllou et al.，2003；Blackford et al.，2004）。欧洲区域海洋生态系统模型（ERSEM）是其中的典型代表（Baretta et al.，1995）。ERSEM 动态模拟碳、氮、磷、硅在水体和底栖生物的食物网中的生物地球化学季节性循环以及这些元素在辐照、温度和运输过程中的影响（Baretta et al.，1995）。在开边界时间序列中可模拟溶解和颗粒态营养元素，在逐月时间序列中可模拟河流营养负荷。通用环流模型可用于模拟模型边界交换总量，并据此计算溶解物和悬浮物浓度的水平迁移。生物变量以有机碳为具体单元形式表达，化学变量以生物变量内控机制表达，其具体形式为水中和沉积物中的溶解性无机物，包括氮（N）、磷（P）、硅（Si）。

众多模型的共同特征是将生物因素抽象为功能表征因子，如浮游植物、浮游动物和营养元素。在 ERSEM 中，这三类生物体的模拟过程表示为消费者、分解者和初级生产力（Blackford and Radford，1995）。低营养级系统动力很大程度上取决于控制资源供给的物理环境，而高营养级系统动力则受资源和捕食作用的双重控制。

富有成效的生态系统模拟应当开展情景分析和管理，主要是通过对关键参数的控制和调整（如降低渔业捕捞量，降低底栖生物死亡率），以影响和预测其他参数的变化（如初级生产力）。尽管生态系统模型通常考虑深海和远洋的相关变量，以体现高营养级生物的重要性，然而这些模型往往缺乏对外部重要影响因素的考虑，如气候变化，这些重要因素对群落结构和系统动力变化具有根本性的影响（Hall，1994）。其他模型只分析和模拟生态系统的部分组成。如，杜普里希等人（Duplisea et al.，2002）利用基于个体大小的模型模拟了拖网作业对底栖生物和渔业产量的影响。因此，生态系统模拟模型在某些方面可能还不如简单的基于个体大小的模型（例如 Pope et al.，2006），这是因为基于个体大小的模型描述渔业总量和鱼类死亡率之间的关系，更贴近于管理目标。

（3）基于空间的渔业模拟模型

对海洋生态系统的关注促使模型进一步发展到对营养级相互作用的模拟（如 Walters et al.，1999；Watson et al.，2000；Pinnegar et al.，2005）。但是，有关资源和渔业活动间关系的空间描述和替代管理方案的研究却未受到足够重视（Pelletier and Mahévas，2005）。一个重要原因是大多数渔业活动是复杂系统，在多样化的渔业活动中开发利用多样的资源。同样的，大多数渔业模型很少考虑空间要素，也不考虑环境条件对鱼类种群生产力或更大规模的分布影响（虽然环境条件分布的改变对渔业生产力具有极大影响）。基于空间的通用渔业模拟模型 ISIS – Fish（Mahévas and Pelletier，2004；Pelletier and Mahévas，2005）已在西北大西洋和地中海进行了部分案例实践（参见 Drouineau et al.，2006）。克劳斯等人（Kraus et al.，2009）则将 ISIS – Fish 模型用于评估东波罗的海禁渔政策的前期论证和实施评估。ISIS – Fish 种群模型包括区域参数（如产卵场、索饵场）、洄游参数（如鱼类在产卵场、育幼场和索饵场之间的洄游）、种群参数（如年龄结构、生长曲线）。开发利用模型包括捕捞参数和渔获参数，如渔业作业方式、渔具状况、目标物种和可捕量，而管理模型则包括了一系列管理参数。

对特定管理工具（如对网目的规定或实施禁渔政策的区域选择）效力的评估不能孤立地进行，因为一种管理工具的生物和经济效益在很大程度上取决于其他工具的同步运用（Holland，2003）。为设计出最佳的管理措施组合，需要一种评估方法至少对其中最重要的管理措施的变化做出同步评估。霍兰（Holland，2003）阐释了对乔治滩鳕鱼运用空间模拟模型的案例，这一案例评估了相关管理方法的效果，如网目的规定和禁渔政策，其评估方法是运用收益曲线来探讨在不同空间异质性假设和幼年与成熟鳕鱼分布假设前提下对渔业生产力和效益的影响。该模型为评估不同管理措施的相对效力提供了重要依据，并有助于为管理评估模型的参数化运行确定关键数据。

（4）管理战略评估（MSE）

虽然海洋空间规划并没有为海洋和渔业管理提供具体的生态系统方法，但现实中对管理程序（MPs）（Butterworth and Punt，1999）和类似的管理战略评估（MSE）框架（De la Mare，1998；Butterworth and Punt，1999；Smith et al.，1999；Sainsbury et al.，

2000；Butterworth and Rademeyer，2005；Schnute and Haigh，2006）却越来越广泛地应用于渔业管理中，这是由于这些方法能够提供长期稳健的战略设计，从而满足多个可能相互矛盾的目标（Rademeyer et al.，2007），实现整合优化的规划目标。

管理程序用于评估相关管理措施对目标资源和相关渔业的管理成效。管理程序包括基于可获得的数据的评估方法和将评估成果转化为管理决策的方法。模拟试验结果表明，对决策措施的评估可以消除因资源管理系统不同而导致的不确定性。模拟框架主要由可操作模型（OM）组成，用于模拟资源系统和渔业系统，预测未来资源调控所需的各类数据；提供基于数据的资源现状和生产力评估方法；渔获量控制规则（HCR）——以可捕捞总量（TAC）或允许捕捞努力量的形式调控管理（Kell et al.，2006）。可操作模型提供了反映种群动态和渔业管理实践中确定性和不确定性的模型测试控制手段（Schnute et al.，2007）。管理战略评估由3个要素组成：可操作模型的建立，数学方程假设，从生态系统资源到动力学的所有过程的参数值。模型模拟结果可作为对系统进行科学观测的重要依据，因为管理程序模型将数据收集到总量评估的过程以及数据观测与管理决策全部联系起来。参数的不确定性是通过对确定性参数赋予随机值或偶然值体现的，而模型的不确定性是通过以基于不确定性假设的多函数关系代替单一函数关系体现的。

不同管理策略的效果可利用对不同情景模式建模的方法来评估，评估不同系统动力学中的资源总量与开发活动的影响。典型的资源总量动力学模型包括年龄结构、自然增长率、自然死亡率和资源恢复力，但与此同时也可能包括其他相关物种甚至整个生态系统情况（Smith et al.，2007）。在渔业开发对资源总量的初级影响模型中，最具不确定性的参数主要是有关生产力总量的参数，该参数以与自然死亡率有关的恢复力参数表示（Rademeyer et al.，2007）。

相较于不考虑不确定因素与案例决策的方法而言，管理战略评估方法是重要的进步（Rochet and Rice，2009）。管理战略评估具备所有模型工具的优点（当然也包括所有缺点），有助于使各类预测方法更具可操作性。但是，管理战略评估方法难以量化，用以比较细微差异化管理决策所需的精准度和准确度。此外，当概率分布用于说明参数期望值时，常被作为参数而非点状估计值。罗切特和赖斯（Rochet and Rice，2009）强调指出，基于仿真模拟的管理战略评估还有诸多用途，如为明确管理问题提供过程支持、深化相关认识、摒弃低效率政策等。战略管理评估应当有助于在渔业管理方法中强化对智力要素的应用，而非忽略智力因素。这方面，渔业生态影响风险分析（ERAEF）（Smith et al.，2007）提供了一个同时覆盖总量模型和生态评估的评估框架，其覆盖范围从专家判断法到基于实证方法的模型评估。

（5）数据时间序列

虽然获取数据往往需要付出昂贵的成本和持续的资金支持，但确实没有其他方法可用于描述现状、预测趋势和监控进展（参见专栏5.4）以及促进适应性管理。对比（管理）未受人类影响的种群的长期观测数据对研究具有重要价值，缺乏这些长期观测数据很难将渔业对生态系统的影响从环境变化影响中分离出来（Stenseth and Rouyer，2008）。例如，2006 年谢志豪等人（Hsieh et al.，2006）对加州远洋渔业合作调查（CalCOFI）中有关仔鱼丰度的长期观测数据进行了分析，得出结论：渔业加剧了所利用物种的丰度变化。对加州远洋渔业合作调查（CalCOFI）50 年数据的分析结果揭示了丰度变化的机理，即渔业对大龄个体的选择性捕捞导致种群平均个体大小与年龄下降（Anderson et al.，2008）。

专栏 5.4 亚德里亚海渔业资源和生态系统变化的时空模式

克罗地亚的亚德里亚海国家渔业资源监测项目包括：通过拖网渔获物监测海域底层和中上层的渔业资源，全面监测中上层和近岸小规模渔业。这个项目由克罗地亚农林和水资源管理部资助完成。

不论从渔获物数量抑或市场价值来看，拖网捕鱼在克罗地亚的亚德里亚海的渔业生产中都占据重要地位。其渔获物主要出口欧盟国家，尤以意大利为主。这一捕捞活动的重要性实际上正是从这些渔业出口数据的分析结论中得来的。

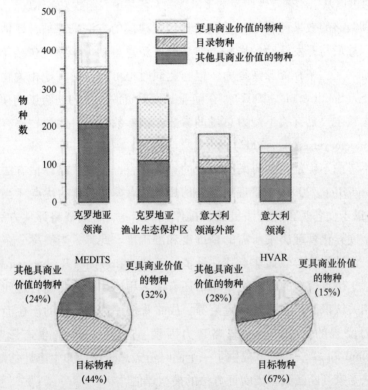

图 5.1 根据 MEDITS 数据得出的亚德里亚海不同海区底栖物种的生物量指数

HTM–克罗地亚领海；EPH–克罗地亚渔业生态保护区；EPI–意大利领海外部；TTM–意大利领海

亚德里亚海底栖生物资源和底栖渔业的主要特征如下：

• 渔获产品种类繁多（多鱼种渔业）。渔获中有超过 100 种具有商业价值的鱼类。

• 渔获中仔鱼比例很高（主要由一年或两年的仔鱼个体组成）。因此，渔获生物量具有很高的年际波动性和季节波动性，具体主要取决于捕捞强度差异。

• 底栖生物资源的开发利用主要是类型繁多的渔具（目前使用的渔具超过了 50 种），换言之，底栖生物资源开发是典型的复合型开发。不同渔具造成了强大的累积效应、竞争效应和综合效应。

• 最重要的渔业水域是底栖物种的产卵场和育幼场。

对于渔获总量的认定一般是指生物总量，但不同国家从经济效益角度考虑，其口径不同。结果是，亚德里亚海渔业国家间急需协调渔业的监管规则和保护措施。亚德里亚海不同海域间捕捞努力量差异很大，这导致了渔获量的差异，即亚德里亚海东西部海域间存在着殊为不同的渔业开发强度。

HVAR调查,1948—1949

底栖鱼类总量 (176个站点)

软骨鱼类

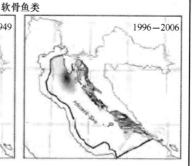

欧盟MEDITS与国家监测数据:西班牙、法国、意大利、希腊、
斯洛文尼亚、克罗地亚、阿尔巴尼亚、马耳他、摩洛哥
(克罗地亚领海的60个站点)

最具商业价值的物种

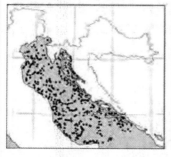

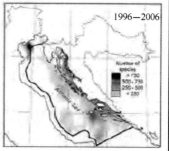

图 5.2　HVAR 和 MEDITS 调查亚德里亚海软骨鱼类和具有商业价值的重要底栖物种分布

亚得里亚海底栖生物群落近期状态，说明高强度捕捞已出现明显的负面效应，具体包括：

• 底栖生物群落结构的负面变化主要表现为因捕捞而造成敏感物种比例下降（生长率慢、生殖能力弱、生命周期长的物种，如软骨鱼和一些具有重要商业价值的硬骨鱼类）。

- 底栖生物的总量减少，大量最具商业价值的底栖物种的生物量指标降低。
- 具有重要商业价值的物种种群结构的变化——主要是被捕捞物种平均大小逐年下降和首次性成熟年龄的个体大小下降。

总体来说，亚德里亚海具重要商业价值的物种主要分为"充分利用"和"过度利用"两类。然而，底栖生物群落的状态在亚德里亚海不同海域间存在差异，其负面变化的程度与渔业对资源的利用程度是显著相关的。在东亚德里亚海沿岸，这一趋势表现为：克罗地亚领海和内海的状况显著好于西亚德里亚海和领海以外的海域。

伊沃娜·马拉索维奇和内多·弗尔戈（Ivona Marasović and Nedo Vrgoč），

海洋与渔业研究所，普利特，克罗地亚

数据的收集、整理、管理和获取支持决策是海洋环境管理的重要问题。与此同时，数据标准化和共享网络代表了一种重要的国际合作趋势，使得生态系统方法能够在通用框架内利用高质量数据（参见专栏5.5）。由于管理评估所需的参考条件不足或数据不可靠的问题一直困扰着以往的相关工作，因此，对于数据质量控制和数据可行性的重要性再怎么强调都不为过。例如，一种用于表征海洋生态系统管理影响的方法已用于检验上述生态系统指标的时空格局，检验其在可持续利用或过度开发利用状态下的变化是否具有一致性。布兰查德等人（Blanchard et al.，2010）利用6个指标对19个受人类开发影响的生态系统做了比较研究，结果显示，大多数指标在5年周期内的若干季节内难以检测到具有不一致性，其原因是：某些生态系统已经受到严重影响；近些年因某些原因造成数据缺失；指标方差过高；统计学方法对于少于10年的数据的变化趋势的分辨能力较低（Nicholson and Jennings，2004）。此外，跨越较长时期（1980—2005年）的时间序列数据不能对生态系统进行全面横向比较。总体而言，由于生态系统和指标间难以完全通用，研究的结果并不令人满意，这使得确定广义渔业开发规模和反映生态系统的指标之间的关系变得很困难。

专栏5.5　数据管理对英国海洋管理的支持

海洋科学经常涉及数据收集问题。如果考虑数据的时效性，这些数据往往是不可替代的和唯一的。即使考虑到所有已收集数据，数据所代表的空间和时间范围也十分有限。海洋数据收集的成本往往较高。多年来，人们已建立了各种类型数据库用以收集不同来源数据。

当前，为增强对海洋环境的认识和理解并更好地使用生态系统方法和海洋空间规划进行管理，需要掌握更多的跨学科整合数据。此外，海洋环境预报对于准实时数据的需求有所增加。因此，数据一旦获得，确保从数据中获取最大效益是非常重要的。在英国，已经提出并大力提倡的理念是"一次获得，多次使用"。为了最大限度地利用数据，最终目标是使数据能够自由获得。为此，世界气象组织40号决议和政府间海洋学委员会（IOC）的数据交换政策（IOC决议XX-6）已经通过并实施了"自由和开放的数据访问"工程。国际科学理事会（ICSU）指出，数据和信息的最大自由可获性为科学技术的发展提供了最好的保障，并且促进了科学数据全面和公开。健全的科学数据和信息公开制度将从科学研究、提升创新和决策智能化获得巨大的回报。本着这一精神，国际海洋开发理事会（ICES）最近发布了一项新的数据政策。

国家和项目的数据政策依然发挥着巨大的作用，并应当鼓励其尽最大可能提供免费和开放的数据。例如，由国家海洋学中心（利物浦）管理的爱尔兰海岸观测台就是开放式访问原始数据的典范，这一项目在较大的时间尺度上提供准实时高质量数据。在这方面，需要着重考虑的是保护数据知识产权，并发表高质量的科技论文。此外，要充分信任数据收集者，正确参考引用数据。

英国海洋资料中心（BODC）是国家环境研究委员会（NERC）指定的海洋数据中心和政府间海洋学委员会国际数据中心网络在英国的分支。除了管理国家环境研究委员会（NERC）的海洋资料外，英国海洋资料中心（BODC）还负责管理英国海洋环境监测和国家评估（MERMAN）数据库，管理长期数据和国家验潮仪网络数据。但是，即使英国海洋资料中心（BODC）已有大量数据，仍然需要长期管理和更好地获得其他海洋数据。例如，英国地质调查局（BGS）和英国水文局（UKHO）存储了大量的海洋地质和水深数据档案。英国环境、食品和农村事务部（Defra）成立的海床物种和生境档案馆（DASSH）涵盖了更多的数据类型。但是，政府部门和相关机构未对其他特定目标或项目的数据集做长期归档。

英国的海洋机构在某种程度上较为分散，需要时间来建立一个富有成效的伙伴关系，以提高整体的管理和英国海洋数据和信息的利用效率。根据该行动倡议，早先建立的海洋环境数据和信息网（MEDIN）已取得了重大成绩。海洋环境数据和信息网（MEDIN）是一种合作伙伴关系，它对所有有兴趣利用海洋数据的人员开放，并为更好地利用海洋数据资源提供途径。该网络的发起者包括政府部门、研究机构、环境保护机构、商业基金和商业机构。

在试验阶段，进行了一系列的案例试验，以验证和评估元数据和数据的问题和需求，包括海洋空间规划试点研究和北海区域生态系统研究小组。这些试验得出的结论是：采集现有数据存在困难并耗费大量时间，综合性元数据标准格式的获取仍然充满大量变量，在一般情况下，难以统一海洋数据格式，访问数据和元数据的问题会经常重复出现，而且由于输入数据相关问题大量存在，数据如何规范输出往往是不清晰的。

海洋环境数据和信息网（MEDIN）的目标是建立一套用于管理英国海洋数据的框架，包括：

● 通过网络数据存档中心（BGS，BODC，DASSH和UKHO）建立最佳实施标准，据此建立长期有效管理的海洋数据库。

● 英国和欧盟对海洋监测和海洋规划进行的立法和强制性规定（如奥斯陆-巴黎公约、水框架指令、欧洲海洋战略指令）符合INSPIRE①原则，并且满足英国海洋环境整体评价（如图表进展）和新成立的海洋管理组织的数据需求。

---

① INSPIRE 指 Infrastructure for Spatial Information in the European Community。详见 http://inspire.jrc.ec.europa.eu
——译注。

> • 改善官方海洋数据的获取情况，通过提高核心（发现）元数据搜索能力使数据再利用与投资效益最大化。
> • 提高决策和海洋规划所依赖数据的可信性。
> • 通过协商一致制定共同元数据的标准，如数据格式和内容、维护和支持模式。
> • 制定指南、合同条款和软件工具，以支持这些标准和最佳实践数据的获取和管理。
>
> 莱斯利·里卡兹（Lesley Rickards），英国海洋资料中心（BODC）

这些案例强调了收集历史数据和数据质量控制的重要性，并且阐释了监控生态系统变化的原因。监测数据为模型输出结果和衡量过去和未来管理提供了基准。此外，评估管理目标进展为生态系统方法和海洋空间规划的预警性和适应性评估提供了预测基础。

数据和模型往往是联系在一起的。数据查询可用于建立关联性和阈值，并加深人们对生态系统功能的理解。这种理解是建立模型的基础，模型可用于预测和评估各类因素驱动下的生态系统变化结果，而不论其影响因素是内源的（生态系统动力学）还是外部的（环境改变和人类行为）。因此，模型已经成为评估政策和管理行为潜在结果的有力工具（如管理程序、管理战略评估），有助于确定管理目标是否会取得成功，并在必要时采取行动予以纠正。库里等人（Cury et al.，2005a）在很早之前便发现了包括数据可行性、数据质量、数据不确定性以及时空分辨率问题等生态系统数据的重大缺陷。必须承认数据的缺陷与生态系统指标成效息息相关，但同时，也应当认识到数据的可行性一直在改进，并且将继续在情景分析中发挥更加重要的作用。

海洋生境制图（MHM）

生态系统管理方法涉及一系列相互关联的概念、学科方法和技术问题，这些必须通过大规模的科学家、政治家和利益相关者之间的合作研究和交流来解决（Cogan et al.，2009）。规划的一个重要手段是通过海洋生境制图（MHM）描述海床特征和生境空间范围（Stelzenmüller et al.，2008）。海洋生态景观制图对在海洋空间规划框架内确定生物群落的性质非常关键，也有助于评估拟建海洋保护区（MPAs）或生物价值高的地区（Roberts et al.，2003；Connor et al.，2006；Boyes et al.，2007）。例如，制图对识别因渔业影响而应当加以保护的海区非常有用（Fogarty and Murawski，1998）。

在建立生态系统分层次管理目标后，方案的第一步应当是研究生态系统的生境特征。海洋生境制图过程（通常）除基于卫星的地表粗糙度测量、环流、温度和生产力外，还包括对舰载声呐的深度测量、底质和地形地貌的解释和分类（Cogan et al.，2009）。覆盖生境的离散空间数据可用于不同时空尺度上的生态过程，而且可用于不同途径。英国自然保护联合委员会（JNCC）主要利用地形和地貌特征将英国海床分为44

种海洋生态景观（Connor et al.，2006）。美国的"2006年全国鱼类生境行动计划"（鱼类和野生动物联合机构）包括两个主要组成部分：①水生生物栖息地制图和分类；②生境条件建模，建模的重要参数包括生物生产力指标（密切相关的生物多样性）和人为压力驱动因素。这种生境分类、制图和建模的模式被越来越多地用于海洋管理，如美国缅因湾生物多样性评估（Noji et al.，2008）。

空间数据与地理信息系统（GIS）

在实现生态系统和群落水平目标（如海洋保护区）的过程中使用频率日益增加的空间方法需要在种群层级指标计算中融入空间分析的思想（Babcock et al.，2005）。地理信息系统（GIS）在海岸带和海洋管理中非常重要，这是因为其可被应用于多空间交叉管理的部门框架（Valavanis，2002）。地理信息系统在过去20年中作为监测、管理和决策工具在渔业管理特别是在种群系统动力学模型中得到了充分应用。生命周期数据包括种群类型信息、适宜生存温度、盐度和深度、产卵习性、洄游生境等等。空间分析常用于近岸底栖生物栖息地环境的分类（Battista and Monaco，2004）。斯坦伯里和斯塔尔（Stanbury and Starr，1999）开发了一种地理信息系统工具用于蒙特利湾国家海洋保护区，并利用陆地和海洋数据创建了一个数据库评估自然资源。

结合流体力学和渔业数据，瓦拉瓦尼等人（Valavanis et al.，2002）开发了地中海东部地区头足类渔业的地理信息系统，其中包括生境和海洋数据以及渔业地理坐标数据。此外，林霍尔姆等人（Lindholm et al.，2001）将某动态模型用于调查研究洄游前鳕鱼幼体存活率与生境复杂性空间变化之间的联系，模拟渔业活动导致的生境变化，评估海洋保护区的效果。地理信息系统同样应用于诸多海洋生态系统信息和分析系统的研究（Ault，1996；Garibaldi and Caddy，1998；Panzeri and Morris，2000；Su，2000；Varma，2000；Megrey and Hinckley，2001）。事实上，地理信息系统技术对渔业管理也意义重大，主要是通过处理渔业监测的时空数据（如，物种地理分布地图）整合监测和环境数据，向渔业管理者提供综合的结论。

在制定海洋管理计划的过程中，非常重要的一个方面是综合考虑渔业活动的空间性和斑块性，以及不同年份间渔业活动传统区域的一致性（Stelzenmüller et al.，2008）。在能够反映生境对渔业压力敏感性的前提下，描述渔业活动压力的空间分布在地方层面更具意义。基于空间分析的生态系统层面的指标研究才刚刚起步。例如，弗雷翁等人（Fréon et al.，2005）得出了基于地理信息系统的针对南本格拉海流的指标体系，包括生物多样性指标、生态系统开发比例以及捕捞地点与海岸的平均距离等。有关生境、资源分布和渔获量的地理坐标数据以及日益成熟的可视化方法和数据处理方法为以地理信息系统方法评估渔业空间影响提供了重要的指标（Babcock et al.，2005）。

可视化

图像可通过描述、分析、综合传递有关指标的具体信息帮助我们理解复杂的模型

（Shin et al.，2010a）。因此，可视化是提供渔业信息系统决策支持的一种有力工具（Kemp and Meaden，2002）。申等人（Shin et al.，2010b）描述了一个简单的可视化工具，非专业人员可利用该工具评估渔业对生态系统的影响。这一方法同时强调识别生态系统影响和非专业背景人员间的知识交流，它利用生态系统指标反映关键的生态系统过程，并作为能够将实际情况或简化或具体的测量工具（NRC，2000）。风筝图，特别是饼状图，被认为是十分有益的，从中可以了解简单和多元的生态系统过程（Garcia and Staples，2000；Pitcher and Preikshot，2001；Haedrich et al.，2008）。然而，任何形式的可视化都必须予以认真解释和理解。此外，渔民、资源管理者和科学家持有不同的时空观点，因此，所有趋势图表和统计数据都必须能够提供他们所需信息的特定可视化模块接口。

新兴技术

整合声学和海洋观测数据，以及卫星和其他高分辨率海洋测绘工具，很可能引领未来渔业海洋学发展（Koslow，2009）。声学可通过监测海洋地形研究对远洋生态系统的影响、绘制海底生境、协助理解生态系统动力学、监测禁渔政策的效果。多波束侧扫声呐也已用于观测近水体表层渔业资源的结构和行为（Makris et al.，2006）。卫星遥感海洋数据提供了可覆盖全球海洋的高时空分辨率的海洋表层温度、表面高度、风和水色等数据（Polovina and Howell，2005）。测高数据被用来构建海洋垂直结构区域指标，如海水色度、海面温度和具有重要生物学意义的海洋功能指数。

海洋保护区

这一部分的内容不是为了重复描述海洋保护区（MPAs）的原则、政策和实践，而是解释数据、模型和数据处理过程如何整合形成实用的管理工具，用于实施生态系统方法（参见专栏5.6）。

专栏5.6　海洋规划工具：莱姆湾案例研究

2008年7月11日，英国政府关闭了莱姆湾60平方海里的海域，宣布这一海域禁止采集贝类和拖网作业。这一举措的目的是保护海洋生态系统免受深海捕捞的威胁。同时这一海域仍然对海钓、潜水、使用一般轻型设备的钓鱼者和其他休闲娱乐用途开放。根据2009年新《海洋和海岸带准入法》和英国未来拟设立的海洋保护区，莱姆湾非常适用于研究海洋自然保护区潜在的生态、经济和社会影响。目前，普利茅斯大学海洋研究所开展了一项关于莱姆湾的基金支持项目，用于研究禁渔制度的社会、经济和生态影响。未来仍将持续进行的莱姆湾研究包括娱乐功能环境价值（Rees et al.，2010a，b）、海洋保护区划（Peckett et al.，2010）、物种分布的预测模型（Marshall et al.，2010）。所有这些研究的目标是采用一个或多个适宜的海洋规划工具以更好地进行海洋规划。

海洋规划工具

《海洋和海岸带准入法》中有关海洋空间规划的重点是强调为进行海洋规划构建合适的工具。在莱姆湾研究案例中发明和采用的工具包括：

损益分析（CBA）——识别规划实施过程中的潜在成本和收益，以评估政策成效。在调查政策成本与费用规模的同时，更重要的是评估政策成本是否高于政策收益，如果是，则需指出具体高出了多少。

环境价值化——该方法是将环境价值货币化，经常被视为损益分析的一部分。该方法主要利用市场或非市场的价值评估技术。

地理信息系统（GIS）——使地理相关数据以便于检索和直观易懂的方式表达的可视化工具。这是简化海洋空间规划的适宜工具。

Marxan 是空间规划决策支持工具（DST）（Ball，2000；Possingham et al.，2002；Ball et al.，2009），经常用于海洋保护区设计（Pattison et al.，2004）。在生境和物种数据充足的前提下，Marxan 采用数值优化方法来选择海洋保护区的适宜位置。

物种分布模型（SDM；Elith and Graham，2009）的概念较为简单，它用于确定已知物种或种群的分布与所处环境的关系（Guisan and Zimmerman，2000）。在某些缺乏分布数据的地区，该模型也可用于预测生境相关指标。近年来，海洋环境物种分布模型的应用包括保护流动性极强的物种（如，Embling et al.，2010）、优化确定远洋渔业单位渔获量（如 Hazin and Erzini，2008）、确定实施禁渔制度的珊瑚礁区底栖生物群落恢复情况的监测项目的点位（Marshall et al.，2010）。

莱姆湾研究案例中海洋规划工具的应用

许多利益相关者受到禁渔制度的影响，如渔业相关工业、商业、娱乐业和行政执法机构。为对实施莱姆湾禁渔制度资源给利用者带来的成本收益进行量化，本文绘制了一个损益分析矩阵（图 5.3）。

利益相关者	成本	效益
渔业相关工业	产业区位调整，工艺技术改造，土地减少	利用固定式渔猎工具的渔业人员活动范围增加
渔业相关商业	贝类渔获量减少，运输成本增加	无
娱乐业	存在过度利用的潜在可能性	娱乐业范围扩大，提高娱乐推广度
行政管理机构	行政成本增加	利于英国海洋自然保护区网络的形成

图 5.3　莱姆湾不同资源利用者的损益分析矩阵

禁渔制度的影响（损益分析，地理信息系统）

为了评估莱姆湾禁渔制度的社会经济影响，曼吉等人（Mangi et al.，2009）同时采用了损益分析和地理信息系统方法。曼吉等人（Mangi et al.，2009）通过调查，确定了该区域渔民收入、总成本、时间成本、航程次数和渔业时间的变化。初步调查结果表明，渔民收入没有发生显著变化甚至降低；收入降低的主要原因是捕捞次数减少、燃料成本增加，以及将传统固定式渔具更换为新式渔具所带来的成本。

　　引用数据包括以 ICES 矩形 30E6 和 30E7 形式表示的渔业区域数据（数据来源：海洋与渔业局）、渔船监控系统（VMS）及其监控数据以及由海洋与渔业局派遣的侦察机和皇家海军渔业保护船的运行成本数据，和德文郡海洋渔业委员会的巡逻船成本数据。利用渔船监控系统数据和地理信息系统，可以调查不同年份不同渔业类型的空间分布。年度间变化趋势日趋明显，这可利用不同颜色的点进行直观的表示（图 5.4）。此外，可对一年之内不同时段的活动分布或在某个时空点上不同类型的渔业活动做详细分析（图 5.5）。

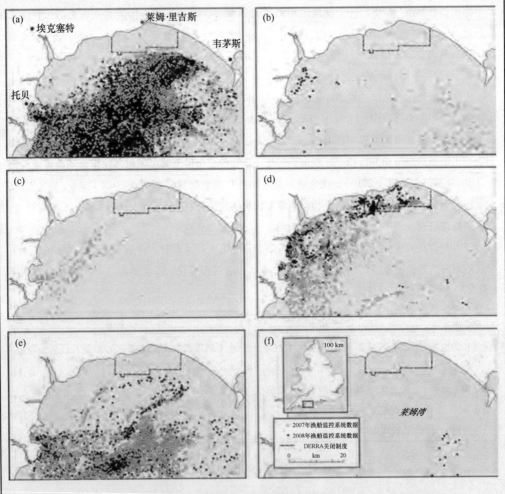

图 5.4　2007 年和 2008 年渔业类型分布的渔船监控系统数据（未做处理）

（a）桁拖渔船，（b）套拖渔船，（c）一般渔船，（d）底拖渔船，（e）采贝船，（f）底层围网渔船

资料来源：Mangi et al.（2009）

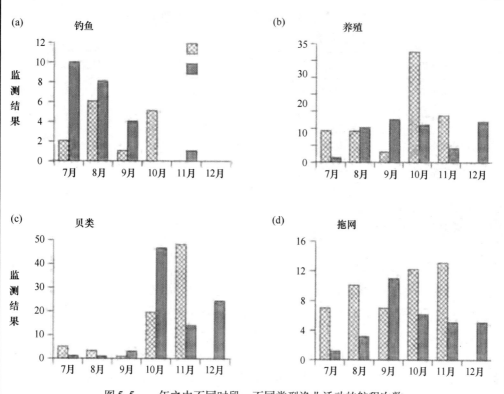

图5.5 一年之内不同时段、不同类型渔业活动的航程次数

（a）钓鱼，（b）养殖，（c）贝类与（d）拖网的逐日监测结果月统计数据

注：监测于2007年7月至12月、2008年7月至12月实施，仅以ICES矩阵30E6和非30E7形式实施。

资料来源：Mangi et al.（2009）

娱乐业价值评估（货币化，地理信息系统）

利用在线问卷调查确定莱姆湾潜水、海钓和船商的营业额以及他们的实际活动空间和禁渔制度实施首年他们的理想活动海域和实际活动海域。问卷受访者被要求回答他们经常到达的海域及其频繁程度（用数字1~5表示其频率高低）。通过总结问卷调查数据可绘制"到达热点地图"以表示活动相对频繁的海域（Rees et al.，2010a）。空间数据显示了莱姆湾娱乐活动空间分布的不同。此外，可尝试利用空间信息评估特定地点的货币化价值。我们可根据调查结果评估实施禁渔制度的海域与未实施禁渔制度的外海域的价值比较。令人感兴趣的是这些价值将怎样随时间变化，换言之，实施禁渔制度的海域是否会因受到保护而增加价值？评估价值变化趋势有助于评估并选择不同的政策。

海洋保护区规划的评估数据需求（Marxan）

帕吉特等人（Peckett et al.，2010）利用Marxan确定实现海洋规划中自然保护区建设目标所需的数据质量水平。他们主要利用3个具有不同分辨率的生境图层、具有更高复杂性的数据（生境与基底）和已实施禁渔制度的海域监测数据（表5.3）检验了拟建自然保护区的规模、形状和区位的效果。在选择过程中将所选地区与无数据地区做了比较。

表 5.3   利用 Marxan 和不同数据输入图层进行情景分析

（每一情景包含禁渔海域固定和禁渔海域不固定两种情况）

主要数据图层	保护水平	禁渔海域不固定	禁渔海域固定
高分辨率生境	保护 20% 生境	A1	A2
高分辨率基底	保护 20% 基底	B1	B2
中分辨率基底	保护 20% 基底	C1	C2
低分辨率基底	保护 20% 基底	D1	D2
无数据图层	保护莱姆湾 20% 海域	E1	E2

数据来源：Peckett et al.（2010）。

　　使用更高分辨率基底数据会增加对生境的保护程度［表 5.4（a）］。使用无数据图层时，数据图层主要使用 Marxan 以随机的算法在莱姆湾选择相关区域，相较于低分辨率基底数据而言，数据图层所出结果可多保护 20% 的生境。使用更高复杂性数据和高分辨率生境数据可保护莱姆湾至少 20% 的生境。复杂数据使用程度越低，保护程度则越低［表 5.4（a）］。

　　在解决方案中对部分海域实施固定禁渔制度较其他拟定方案可多保护高达 25% 的海域（无数据图层除外）［表 5.4（b）］。鉴于各类方案总体上具有灵活性且仅需要保护莱姆湾 20% 的海域，这一结论是令人期待的。因此，对莱姆湾海洋生物多样性保护中最具效率的解决方案是建立在高分辨率生境数据使用和实施固定禁渔制度的海域不受限制的基础之上的（A1，图 5.6，表 5.3）。

表 5.4   （a）各情景分析中超过 20% 受保护海域的最优方案的（在 22 个生境中）

受保护生境数，（b）最终结果中实施固定禁渔海域的受保护生境数百分比差异

	最优方案中受保护生境数	实施固定禁渔海域方案的受保护生境数百分比差异
高分辨率生境	22	+25%
高分辨率基底	11	+15%
中分辨率基底	9	+20%
低分辨率基底	4	+20%
无数据图层	7	+4%

数据来源：Peckett et al.（2010）。

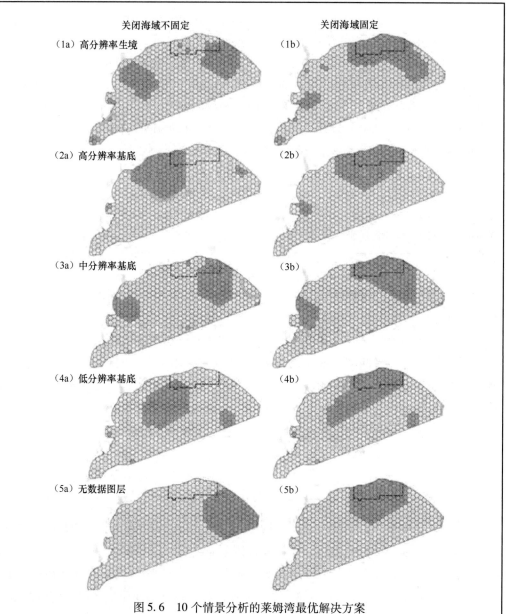

图 5.6　10 个情景分析的莱姆湾最优解决方案

实施禁渔制度的海域以黑线标出，实心填充区域表示以 Marxan 软件选择的规划保护单元

资料来源：Peckett et al.（2010）。

监测实施禁渔制度海域的恢复情况：一种物种分布模型方法

在莱姆湾研究案例中，马歇尔等人（Marshall et al.，2010）着手研究了预测模型是否可用于对实施禁渔制度海域的恢复情况进行长期监测的点位优选工作，这对评估受保护对象的状态是十分关键的（Gerber et al.，2007）。考虑到费用、财政和时间等因素，点位优选特别是长期监测的点位优选非常重要。

广义二项式模型和广义线性模型可用于调查环境变量对粉海扇（*Eunicella verrucosa*）群落（一种具有脆弱性和较长生活史的珊瑚礁群落）分布的影响。

从影像片段中获取的粉海扇分布数据，分别用于对 13 个影响粉海扇分布的环境变量建立模型。通过二元模型利用反馈变量识别对粉海扇分布具有重要影响的环境变量。通过对显著变量的逐步选择，最终模型将只包含最重要的变量，即使此模型具有 55% 的模型偏差。该模型在多项性能指标中表现良好，在 3 倍交叉验证中实现了平均分为 0.76 的正确率、灵敏度和特异度（Fielding and Bell，1997）。湾内岩基地区面积与粉海扇分布呈显著的正相关（Marshall et al.，2010）。

林达·罗德维尔，西安·里斯，夏洛特·马歇尔，弗朗西斯·帕吉特，吉莲·格莱格和史蒂芬·曼吉（Lynda Rodwell，Sian Rees，Charlotte Marshall，Frances Peckett，Gillian Glegg and Stephen Mangi），普利茅斯大学海洋研究所

有证据表明，海洋保护区有助于在保护生物多样性的同时提高渔业产量，其前提是自然保护区科学布局并实施合理的管理措施，以减少而非重新分配渔业配额（Jennings and Kaiser，1998；Agardy，2000；Jennings，2009）。提高渔业产量的重要生物学过程包括：产卵场、洄游路线、索饵场和集中索饵（De Groot，1992），这些过程往往集中于一定物理特征的区域，如珊瑚礁、广阔的浅水区、滨海湿地、陆折等。识别这些物理特征理所当然地成为海洋生境绘图和海洋地形数据输入地理信息系统的最基本工作目标。海洋保护区的另外一个作用是作为科学研究和实验的对照区。这增加了适应性管理的价值，但在某些程度上依赖于数据收集管理和沟通协调方案，如《保护南极海洋生物资源公约》（CCAMLR）的生态系统监测项目（CCAMLR）（Constable et al.，2000）。

海洋保护区本身主要用于限制压力的空间分布。鉴于海洋保护区外的压力可以影响保护成效，控制压力空间分布便成为关键因素。当前已经研发了一系列模型用于检验渔业空间改变对目标种群的影响（如 Horwood et al.，1998；Stefansson and Rosenberg，2006），这一评估可以结合生境空间信息预测管理对空间分布变化的影响，模拟捕捞对生境空间格局的影响。希丁克等人（Hiddink et al.，2006）利用这种方法调查了几种备选海洋保护区方案对底栖生物群落总生物量、生产力和物种丰度的影响。海洋保护区模型往往把重点放在模拟单物种种群动态（参见 Gerber et al.，2003）。通常情况下，这种模型证明了海洋保护区在种群重建或恢复中的作用取决于迁入/迁出率和保护区外渔业影响。总量评估很少包含空间分布分析，尽管这一需求很早之前已被提出（Hilborn，1985）。事实上，这种分析对于同时运用空间和非空间管理工具设计是非常重要的（Babcock et al.，2005）。

海洋保护区的核心区具有极其严格的保护要求，对仍允许渔业作业的区域提出了

诸多限制性要求，这对保护和恢复濒临灭绝种群具有积极的意义（Murawski et al.，2000；Roberts et al.，2001）。在大多数情况下，成功的海洋保护区用于保护活动范围较小的种群，通过向保护区外输送幼体和成年鱼类，促进种群生物量恢复，最终达到维护渔业可持续发展的目的（Roberts et al.，2001）。因此，考虑到海洋区位条件的特殊性（如，Sala et al.，2002），亟须研究海洋保护区的规模及分布和保护区网络建设等问题（Pauly et al.，2002）。

霍夫曼和普雷斯－鲁萨法（Hoffmann and Pérez－Ruzafa，2009）认识到了开展海洋保护区研究面临的普遍挑战：加强选择和设计的科学基础，适宜的监测和效益评估，海洋保护区与其他管理工具的拮抗或协同效应，制定适应海洋保护区的设计和管理政策来应对未来气候变化对生境、物种分布和洄游模式的改变。

这份关于未来挑战的名单中应当增加海洋保护区社会和经济效应的研究以及如何应对传统经济成本的问题。以下章节将进一步阐述有关交流沟通、高效评估和适应性管理、在决策和执行中嵌入跨学科方法等问题。

5.3　在海洋管理中应用生态系统方法面临的挑战

考虑到本章第一部分阐述的若干复杂方法，生态系统方法的数据基础是综合性的而且这些方法易于转化成有效支持海洋空间规划的框架结构。但是目前的知识体系仍欠缺以下内容（Frid et al.，2006）：

- 水文体系和鱼类动力学之间的联系。
- 生境分布的重要性。
- 海洋空间规划的设计原则。
- 生态系统依赖的食物网动力学。
- 对复杂系统的预知能力。
- 在管理中考虑不确定性。
- 目标和非目标生物的遗传学。
- 渔民对管理措施的反应。

同时，我们有限的知识给实施生态系统方法带来了两项重大挑战。第一个挑战是，作为一套反馈和相互联系的系统，生态系统如何缓冲、减缓生态系统对人类压力和管理的响应，并增加对复杂事物的预见性（Frid et al.，2006）。第二个挑战是，由于人类是渔业生态系统的一部分，成功的管理需要预知人类对执行管理制度的反应（Pascoe，2006），需要提高比较不同管理方案成本的能力，需要懂得如何分配除了捕获目标物种以外的生态系统影响的权利，并为捕捞带来的生态系统成本分配责任。这些都需要跨学科的方法。

生态系统方法承认渔业是环境的一部分而不可隔离管理，并从渔业的单物种发展到多物种评价（Cury et al.，2005a）。关于理解生态系统方法的生态部分，弗里德等（Frid et al.，2005）提倡使用环境影响评价，通常分为6个步骤：① 评价环境和资源现状；②描述捕捞的结果；③开展显著效应评价；④选择和评估防洪战略；⑤决定合适的管理行动；⑥监测和评价。对于科学家而言，该方法的困难是获得和解释反映生态系统特性的数据。最主要的困难在于评价捕捞活动结果和重要效应（Petihakis et al.，2007）。

指标的发展和使用与困难、机遇、挑战相伴，例如，里斯等人（Rees et al.，2008）注意到：

• 大多数指标只是单纯强调压力或者没有直接反映影响机制。挑战包括地理坐标条件的不确定性、生态系统的自然易变性和确定指标作用的时空尺度。

• 基于生态系统的管理比渔业管理更复杂，必须处理一大批指标并与更大范围的利益相关者和决策者进行有效地交流。

• 科学家需要更好地理解社会福祉和自然环境变化信息。

的确，现在的普遍看法是，包含社会、经济、生态方面在内的评估是促进生态方法实施的最小要求（UNEP and IOC/UNESCO，2009）。

库里和克里斯坦森（Cury and Christensen，2005）注意到，因为分析过程中可能存在错误和偏见，指标的解释需要专业科学技术。IndiSeas 工作组的一个主要经验是，对于指标现状和趋势的恰当解释以及区分其他潜在的生态系统驱动力（如环境或其他人为影响）的影响而言，科学专业知识至关重要（Shin et al.，2010a）。从事这一工作的专家顾问需要独立思考，不仅要独立于政府之外，而且还要独立于商业公司、自然保护群体的利益之外。另外，详细分析不一定要最大限度地平衡分析各种观点。与此类似，考虑到很多海洋环境管理过程中的不确定性，没有一种专门技能能够得出正确甚至充分的答案（Schwach et al.，2007）。因此，为使指标能反映自然资源开发利用对生态系统的影响，在管理过程中，科学专家和利益相关者的重复参与、信息反馈以及知识共享是非常重要的（见专栏5.7）。

专栏5.7　基于生态系统方法的海洋规划：加拿大

《加拿大海洋法》（1998，http：//laws. justice. gc. ca/en/O – 2.4/）鼓励运用预测方法和生态系统方法制定政策来综合管理人类海上活动。渔业和海洋部门配备人员，与政府（在16个联邦部门、省、市、区中）、不同参与者进行广泛协商。在此基础上，出台了《海洋行动规划》（www. dfo – mpo. gc. ca/oceans/publications/oap – pao/page01 – eng. asp），该规划为规划和综合管理设置了两种不同的框架。一部分接受渔业和海洋部门科学研究所的指导，为生态系统背景下的综合管理提供有用的智力基础。另一部分接受新的海洋部门的指导，为多级政府制定综合规划和决策构建管理过程。位于加拿大的 3 个海域和圣劳伦斯湾 5 个大海洋管理区（图 5.7）被选做该行动的第一个单元。

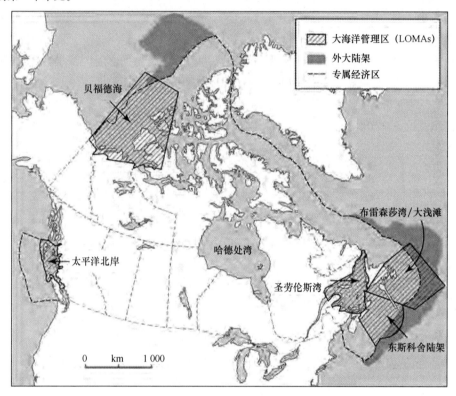

图 5.7　加拿大《海洋行动规划Ⅰ》中第一批综合管理区域的 5 个大海洋管理区的位置

最初计划是着手在每个大海洋管理区进行综合生态系统评价的科学研究。这些研究将整合现有对全部生态系统组成部分的认知，包括：大海洋管理区从海洋底层到顶层肉食动物（正如大海洋管理区尺度模型估计的那样，它们是相互依赖的）、沿海地区的人口特征、社会经济活动的货币或非货币价值，以及这些活动对海洋生态系统产生的影响。这些评价很快就会过时，这是因为：

- 科学资源的巨大浪费；
- 不完全的应用方式使其价值有限；
- 完成后不久即过时；
- 同样单调的准备和理解工作。

相反，知识组成部分保证了基于主要生态系统组分和人类活动的电子数据集。通过调查、研究计划、渔业监控等方式，选择使用在大海洋管理区水平上的通用地理空间数据软件包，做成与海洋相关的核心数据集。由拥有传统与经验知识的人召开的会议扩充了核心数据集，北方以捕鱼为生的渔民严重依赖于来自贝福德（Beaufort）的大海洋管理区中的生态信息，但是有经验的渔民可以提供全部领域的有价值信息。

　　制定的四类不同生态系统特性的鉴定标准促进了大海洋管理区生态系统地位、轨迹评估的一致性。这四类不同的生态系统特性是生态和生物重要区域，生态和生物学重要的物种，耗竭物种和退化区域。生态和生物重要区、生态学和生物学重要物种的鉴定标准采用相同的方法。来自全国各地的专家（政府、专业学者和独立体）被邀请参加全国性的专题讨论会制定标准。在召开专题讨论会的前几个月有一次群策群力会议，在该会议上每一项生态系统财产可能的评价标准都会被列出。工作小组着手准备一份简短的文献综述，解释该特性为什么可能具有生物或生态重要性，同时，对使用违反地方或物种（或社区）的标准在操作上可能遇到的问题进行评估。在两个专题讨论会上讨论了这些背景文件，确保文献覆盖范围全面而且均衡处理从文献中获取的信息。在这两种情况中，对可实行的标准明细和指导方针在应用于评估方面取得一致意见几乎没有困难（表 5.5，DFO，2004，2006）。

表 5.5　议程 5.5 具有生态和生物学重要性的地区、物种和群落特征的基准

重要区域
主要标准
- 唯一性——难以替代
- 集中性——高密度
- 健康状况——对某些物种有重要意义的场所

进一步考虑
- 恢复力——高敏感性或低恢复力
- 自然性

应用方面的考虑
- 评估相对不是绝对的
- 考虑生物、生态特征
- 时空尺度，重要性和具体情况

重要物种和共有特性
- 关键营养物种
——草食性动物
——关键的肉食性动物
——输入和输出营养的物种
- 提供三维结构的物种
- 在物种水平之上的特性
——基于尺寸的特性
——物种间多样性或生物量指标的频率分布
——其他考虑

来源于 DFO，(2004，2006)。

对于濒危物种来说，根据《加拿大濒危物种法》（2002），加拿大濒危野生动物委员会（www. cosewic. gc. ca）已经使用该标准和国际自然保护联盟（IUCN，www. iucnredlist. org/documents/RedListGuidelines. pdf）指导方针，引导加拿大对潜在濒危物种进行评价。几个省成立了委员会，并在该尺度上做了相似评价，渔业和海洋部门通过评估受到过度捕捞的鱼类来估计渔业资源丰度（DFO，2006b）。最后总结出一份物种名录，在该名录中，凡是在国际自然保护联盟标准下受到威胁或情况恶化，或低于渔业参考值的物种均被定为"濒危物种"。对于退化区来说，一些省份立即对将沿海3千米范围区域划为"退化区"的决定提出异议，渔业和海洋法律顾问对无视司法管辖权的问题表示关心，一旦该区域被视为"退化区"，将立即进行法律层面上的补救。该过程的第一个阶段就会将"退化区"排除在外。

在该框架里，专家级的地区性会议（包括大学教师、利益相关者、非政府组织和来自于各级政府的参加者）试图识别5个大海洋管理区内具有生态和生物重要性的区域和物种。虽然参与者比较多元化，数据源的数量和质量以及为筹备会议花费的时间不固定，但是五次尝试都成功了。如果该过程在生态系统特性和经济活动方面具有良好的检测数据，那么自然科学和政策共享就非常适宜。不过，如果资源使用者的传统知识或经验对系统信息库非常重要，那么熟练运用专业知识的社会科学家的参与不可或缺。自然科学领域和社会科学领域专家的合作能够明晰具有生态和生物重要性的区域和物种。这些会议发现大海洋管理区内的多数地区和物种可能至少符合一个标准。鉴于每个区域和每个物种都有某些价值而且需要抗风险保护，如果过程中止，那么结果将对综合性（或非综合性）规划和管理毫无用处。然而，通过挑战和基于信息的对话过程，在许多情况下讨论和咨询会都能够识别对于生态系统具有特殊意义的区域和物种，识别更需要进行抗风险管理，避免区域和物种在食物链和空间上受到长时间影响。

一旦确定了具有生态和生物重要性的区域、物种以及濒危物种（来自于加拿大濒危野生物种委员会和渔业评估），剩下的科学任务就是把这些信息与生态系统状态和趋势的信息结合起来，并且把生态优先级与有用的社会和经济信息结合起来这些资料被称作"生态系统综述和评估报告"（EOARs），该报告是进行下一个阶段综合管理的核心科研成果。显而易见的是，需要附加的标准来确保与具有生态和生物重要性的区域和物种以及濒危物种的名单相符。这些标准在另一个专题研讨会/咨询会上制定，与制定生态和生物重要区和物种标准的会议是同一方式。从该研讨会上很难得到范例，但是渔业和海洋部门在标准的实用性上达成高度一致并非难事。在这些标准的帮助下，"生态系统综述和评估报告"为每一个大海洋管理部门安排了确认优先保护目标的时间表（与具有生态和生物重要性的区域和物种以及濒危物种相符）。

与编写"生态系统综述和评估报告"和设置保护目标过程同时进行的是，海洋管理部门与其他联邦机构、各级政府、主要产业、学术界和群众召开会议。所有这些会议的核心议题是相同的，即怎样的管理过程能提高综合性规划和决策的成效。从一开始，大家一致同意保留各级政府的分部门管理方式。各部门将继续在其权力范围内进行管理；通过分部门管理，综合性规划和决策的目标将实现整合。咨询会在规划过程中应设置综合的和相互协调的目标上达成了一致。

　　综合性规划列入所有法定各方的日程（这里的法定定义较宽泛），他们从各自主张的某些社会（包括文化）和经济目标开始。一旦这些目标汇集起来，专家将根据"生态系统综述和评估报告"的信息对一系列问题给出普遍性回答（表 5.6），该过程是不断变化且相互作用的。

表 5.6　在相互作用过程中，使用生态系统综述和评价报告的信息所回答的问题

问题类型	实例	
	渔业目标：经济可行的情况下，需要 10 000 吨的捕获量。	娱乐目标：10 000 名乘船者想要每个夏天使用沿海的特定路程。
①生态系统的某一部分在每一个目标下必须达到什么状态？	为了可持续的 10 000 吨的捕获量，目标鱼群需要有多大？	有没有障碍物、好的航行助手和可接受的水质？
②目前，生态系统是否处于应有的状态，如果不是，需要花费多少才能恢复到这一状态？	鱼群为了恢复它在（1）状态下的数量需要多长时间，最低捕获量是多少？	为了使夏天水质适宜乘船，营养输入需要减少多少？
③力求实现的那些目标将会给生态系统带来什么影响？	10 000 吨的捕获量将会带来什么影响，对捕获量和生境的影响，必要努力的预期效果是什么？	10 000 名乘船者将会产生多少垃圾和油渗漏；海浪会带来什么类型的海岸腐蚀，什么类型的设备等等？

　　针对法定各方的所有目标，一旦这些问题的答案被汇集起来，那么继而就会出现两个综合性问题：④所有目标是否能同时达到？这识别了不同使用者间的内在冲突。例子包括：休闲渔业和商业渔业是否都能从同一种渔业资源中获得它们需要的捕获量？海上游船是否能和沿海风能企业在同一空间内共存？商业渔业给生态系统带来的影响能否被保护组织接受？⑤在生态系统空间范围外，没有推动力的情况下，所有目标能否实现？该生态系统空间是由"生态系统综述和评估报告"指导的基于科学过程的保护目标所确认的。包括：商业渔业捕获物的过度捕捞种类将超过该种类的可持续死亡率吗？10 000 名娱乐乘船者将在重要生境影响鲸的生活史中的关键时刻，从而阻止了鲸的数量？

　　问题④和问题⑤提出的冲突能在综合管理目录中得到解决。不过，问题④和问题⑤的冲突具有根本性差异，需要开展不同类型的讨论。问题④涉及的冲突不同于社会优先权和价值的那些冲突。需要在不同工业和利益相关者中谈判和妥协。没有固定边界；任何一方都会尽可能多地折中解决可以互助相容的目标。获胜者和失败者反映出某些用途的社会优先性（或者对某些用途的益处）高于其他用途。

　　问题⑤涉及的冲突是发生在不同社会团体的需求和生态系统承载力之间的冲突。社会总是选择用不可持续的方式行动，但是保护目标范围准确地界定了活动边界。生态系统本身并不能消纳对其提供可持续服务的负面影响，并且很少有机会通过补救或者增强活动而改变保护目标范围。生态系统使用者之间的协商是为了保证共同使用同时不伤害生态系统，那些伤害将很严重甚至难以恢复（根据若干国际协定，里约热内卢环境与发展宣言 www. un. org/esa/dsd/agenda21）。

一旦各级政府和合法的利益相关者对"综合性规划目录"的性质达成了一致，那么使用者之间的复杂谈判过程将顺利进行，满足所有用海者的兼容目标也能最终确定下来。大海洋管理区内还没有达成这样的协议。各方承认这些目录的重要性，但有些障碍已经证明是难以克服的。各级政府部门都不愿意接受这些目录中任何具有约束性的结果。很多产业甚至无力或者不愿意暗示他们对特殊需求达成一致的目标是问题④谈判的基础，更不用说是问题⑤了。很多利益相关集团已经暗示使用这些目录的意图在于从一开始就推动具有政治意义和涉及价值观念的辩论。各方有不同的目录，这使得难以就谁参与和实施约定规章达成一致。与近期预算面临的资金挑战并行的是，政府系统在应用"生态系统综述和评估报告"及保护目标信息的进程比较缓慢。承诺改善加拿大海洋规划和管理的综合属性的呼声高涨，但是具体措施和途径尚未明确。

杰克·赖斯（Jake Rice），加拿大渔业和海洋部

构建生态和社会经济指标并监督实施过程，对于支持生态系统方法的实施很重要，生态系统方法包括评价生态系统现状、人类活动影响、管理措施的成效和渔业信息对非专业人士的影响（Cury and Christensen，2005；Jennings，2005；Rice and Rochet，2005）。联合国教科文组织（2006）确定了三类生态系统指标（略有改动）：

①生态指标：描述、监测与管理行动质量目标的阈值有关的、在各种物理、化学、生物方面的环境状态（参见 Fisher et al.，2001）；

②社会经济指标：衡量环境质量是否足以维持人类健康、资源利用和公众感知（参见 Cairns et al.，1993）；

③管理指标：监测管理和实施面向环境政策目标的进展情况和取得的成效。

在这方面，用来评估渔业或者海洋资源管理的计量学不属于监控、模型的范畴。

交流和知识交换也是海洋资源管理的关键。常识和国际法律都强调科学在管理中的重要作用，但是在传统渔业管理中不是，关键问题似乎是要将生物量控制在足以补充亏损的水平上（Hoydal，2007）。这里，变化水平取决于生物量的种群动力学和基于生产力历史趋势的最佳科学建议（例如生长率和补充量）。谢尔顿（Shelton，2007）引证指出，在20世纪80年代末期和90年代初期，在科学证据不足的基础上做出的管理决定，导致加拿大东部海岸鱼类资源量下降和枯竭（Hutchings and Myers，1994；Walters and Maguire，1996），其中包括在不确定和有风险的早期评估和不成熟考虑的情况下过分强调评估（Shepherd，1991；Smith et al.，1993；Shelton and Rivard，2003）。相反，赖斯（Rice，2005）认识到科学证据和管理行动之间的联系在该实例中存在更为广泛的弱点，例如，数据库的不确定性（在鱼类生物量下降期间什么得以提高）、对信息的不对称管理反应（支持好消息）、科学管理交换过程的响应时间（能够阻止下降的快速行动）、过程对政治化的脆弱性，以及在鱼类生物量处于脆弱期时捕捞尤其会对渔业资源

造成毁灭性打击。虽然基于生物学的考虑与可持续的渔业、经济、社会和政治约束的必要前提同样重要。但是面临的挑战是，能提供真实的政策指导的科学方法不仅取决于科学家的分析、预测和解释能力，同时也取决于科学与非科学之间清楚、可信、及时和可实现的辩论。弗里德等人（Frid et al., 2006）强调科学研究必须与决策者进行直接对话。这必须贯穿整个管理过程。决策者和利益相关者需要全面的知识，保证确定的管理目标具有可行性，而且是经过相当考虑后作出的选择和备选方案。有必要对目标的进展情况进行监测和评估，然后做出相应的管理反应（无论专门还是在正式的适合框架里）。施瓦赫等人（Schwach et al., 2007）仔细考察了根据技术和制度来给出科学建议的方法，他们建议，参与渔业管理的很多人需要在管理中采用新的科学方法。例如，比起确定下一年度可捕捞总量的专家发挥的作用，在努力建造精确的海洋环境图景的过程中，科学家能够帮助简化利益相关者的互动作用。科学和政策、利益相关者的约定与现有评价过程之间的界限是"评估各种评估"报告的核心内容（UNEP and IOC/UNESCO, 2009）。该报告强调了评估和相关决策过程间强有力的联系的重要性，需要一致认同专家对事实分析和解释享有最终发言权。相比之下，专家可能对政府和利益相关者提出政策建议做出贡献，但是他们对这些建议没有否决权。

在监测、建模和决定框架的过程中，空间的考量更为突出。生态系统方法包括一系列保持生态系统及其组成部分结构和功能的相关目标（Pikitch et al., 2004）。由于一些组成部分有特定分布，因此，保护工作可能需要进行空间管理（Babcock et al., 2005）。另外，种群动力学的空间模型能够准确预测管理措施的效果。像差异性这样的指标也包括空间组成部分。因此，地理信息系统和空间分析对管理决策的支持作用变得越来越重要。

模型不应该替代专家判断、讨论和研究。例如，几乎没有可操作的模型能够模拟科学家、渔民和管理者进行年复一年的渔业评估、建议、管理、规划（Rochet and Rice, 2009）。贝叶斯方法（Punt and Hilborn, 1997）详细阐述了很多人们关心的问题，即对细节的量化比通过数据或理论定性和定量证明更有意义（Rochet and Rice, 2009）。在支持管理决策时，模拟（例如管理战略评估）具有重要的角色，但其结果只是支持决策的唯一信息源，而不是在管理过程中应用全部智力和共享知识的替代品。在管理过程（MPs）和管理战略评估（MSEs）中，需要进行稳定性测试（Cooke, 1999），真正反映出变化更广泛的动力学，这种测试不像参考书目所认为的那样似是而非或产生较大影响（Rademeyer et al., 2007）。比较基于经验的管理过程和基于模型的管理过程通常是有用的。如果是建立在群体世代模型的基础上，那么后者是正确的选择，特别是在更长期限内（Rademeyer et al., 2007）。此外，用于确定管理过程（MPs）的统计数据应当对所有利益相关者有意义，而且应仔细考虑如何才能使这些统计数据易于对照。的确，方案的可视化使得管理策略更为清晰。

5.4 基于生态系统的海洋管理中的海洋空间规划工具箱

本节说明海洋空间规划过程可以整合现有的管理实践、评估方法、数据和模型框架以及从生态系统方法到渔业管理的知识。海洋空间规划是适应的，而且是反复进行的规划（Ehler and Douvere，2009）。因此，监测、数据采集和建模是开展海洋空间规划的重要支撑，并在以下方面发挥关键作用：

- 分析当前形势（第5步）；
- 预测未来趋势（第6步）；
- 监测海洋空间规划（第9步）。

海洋资源、生境和用途具有不同的时空属性。因此，成功的海洋管理需要从业者理解怎样在时空范围上协调这些属性（见专栏5.8）。成功的海洋空间规划以应对当前和预测的具体问题或用海方式间的相互冲突为基础的，因此，规划目标很可能是以当前、未来的国家优先考虑事项为架构的。海洋空间规划的目的是使发展的需求与保护海洋环境的需求相平衡（Ehler and Douvere，2009），并为可持续的渔业管理提供坚实基础。

专栏5.8　向综合海洋政策和规划方向发展：英国皇家资产
管理局的海洋资源系统（MaRS）

实施海洋环境综合管理的呼声早已见诸各种文献（例如，Cicin - Sain and Knecht，1998；Foster et al.，2005）。综合规划和随之开展的管理旨在通过有效的协作过程，实现海洋环境和资源的可持续发展。但是，海洋环境具有复杂的自然属性和法律属性，需要开展具体而适当的规划和管理，这不同于陆地情况。

海洋政策、规划和管理缺乏整合的原因包括：

- 责任的复杂性是各部门采用综合方法的障碍（Shipman and Stojanovic，2007）。
- 缺乏清晰的海洋环境政策的指导，导致国家在海岸带以及区域和地方尺度上难以实现一体化。
- 海洋管理需要明确而清晰的政策，尽管海洋规划和管理可以从陆地借鉴经验，但不能简单地照搬陆地政策或管理过程，对这两点缺乏理解。

近年来，包括2009年《海洋和海岸准入法》、2010年苏格兰《海洋法》和《欧盟海洋战略框架指令》等在内的新法规，使得英国海洋规划和其一体化的政策指导具体化。这些立法和过去10年间不断增加的用海压力，更进一步强调了应用综合方法的必要性。

作为12海里以内的海床及以外大陆架的所有者，英国皇家资产管理局（the Crown Estate）拥有超过85万平方千米的海域，其有责任了解海洋和海岸带环境、考虑采用最佳方法确保长期可持续发展，并对英国水域的很多商业活动负有责任，包括可再生能源（风能、波浪能和潮汐能）、海洋开采、船舶和电缆与管道空间的租赁。作为海域的拥有者而非管理者，海洋环境规划的法定过程由海洋管理组织（the Marine Management Organization）或海洋苏格兰（Marine Scotland）等相关政府部门负责。因此，我们自己的规划和决策与政府部门相整合是非常重要的，我们对此责无旁贷。另外，作为英国潮间带的主要所有者，我们也清楚地意识到与地方政府整合和协作以及对陆地规划框架（如《欧盟水域框架指令》）加以考虑的必要性。我们活动的焦点是帮助规划我们的商业活动，使其与我们的管理目标一致，并与法定的海洋规划相符。

海洋资源系统

英国皇家资产管理局有责任要求数据和信息共享，并且将利益相关者对海床不同用途的建议纳入决策。这种参与管理的方式是一项挑战，特别是要请利益相关者参与决策过程，而不是仅仅告知他们已有决定内容。为了帮助他们的海洋空间规划团队确定未来发展的制约因素和机会，皇家资产管理局研发了一个基于 GIS 的决策支持系统（DSS），称为"海洋资源系统"（MaRS）。海洋资源系统将超过 450 个 GIS 层的数据和信息整合，数据和信息包括：

- 海床的物理特征，如水深和沉积物类型；
- 环境资料，如自然保护标记符号；
- 经济用途，如渔业价值、现有租赁海区的位置、开采地区；
- 自然资源，如风速和海流速度。

海洋资源系统可以用来描绘现状或者现有海洋资产位置，也能用来确定不同海床活动的适宜性，例如包括可再生能源开发、海洋开采（沙和砾石）或者水产养殖。用户能通过鉴定制约和影响他们发展的物理、技术和环境因素，描述海底特性。在实践应用上，用户可以选择他们认为的与分析结果相关的图层，并根据他们感知到的对活动位置适宜性的影响来确定这些图层的权重。对某些活动而言，某一特征的存在是限制发展的显著制约因素。例如，目前裸露基岩的存在阻碍了近海风力发电场的建设。对其他活动而言，制约程度或许可条件取决于关键阈值的范围。例如，近海风力发电场通常有在水深较浅、平均风速相对较高的海域内建造。

海洋资源系统使用多标准分析（MCA）与权重层相结合，生成能够表明海床活动相对适宜性（或质量）的地图。输出图是相对的、由用户是确定的，反映了用户的兴趣和他们对影响适宜性因素的理解。因此，不同的用户可能生成不同的输出图。由于强调了方法的中立性，因此，生成用户制定输出图的这种能力不是缺点，而是优势。

皇家资产管理局利用海洋资源系统阐述了对当前和未来海洋资产利用方式的理解。该系统已应用于未来可再生能源租赁规划，用以实现政府拓展技术应用范围的目标，以便应对气候变化和能源安全需求带来的挑战。

重要的是，海洋资源系统也为研究和制订海洋政策提供了平台，例如，通过探究其他政策的内涵，我们能获得政策咨询，也能借以发展我们自己的政策，管理并完善我们的政策。该系统将核心 GIS 数据处理和质疑以及为专家咨询会议传递信息交由"非 GIS 专家"完成。通过这种方式，海洋资源系统协助皇家资产管理局把现有和未来的海洋政策纳入其规划活动范畴。

海洋资源系统凸显了规划和政策一体化的一些关键益处，包括：

- 为海洋发展规划营造一种更为确定的环境。
- 在规划阶段，缓解对海床利用方式的潜在冲突。
- 确定未来政策发展的优先事项。
- 通过一种更加有组织和清楚的方式与关键的利益相关者协商。

皇家资产管理局的经验还强调了跨行政区规划的重要性。全世界的海洋管理和规划都面临一体化和边界问题，不管是地方水平还是覆盖整个海域，如大海洋生态系项目（Carleton Ray and McCormick – Ray，2004）。英国也无不例外，存在不同尺度的政策和立法需求，但在某些情况下，这些需求是不相关的，而在另一些情况下，它们之间的融合更加有效。无论地理边界如何，协调性和综合性是海洋管理有效运行必不可少的。公众参与管理和决策过程也非常重要。如果咨询过程被证明是富有成效的，那么在组织大规模利益相关者参与协商过程时，有必要建立关于过程和目标的指导方针。

大卫·都铎和蒂姆·诺曼（David Tudor and Tim Norman），
海洋空间规划小组，英国皇家资产管理局

海洋空间规划的预规划过程构建了规划框架，包括确定一套清晰、可测的目标。像渔业管理一样，这些目标通常（但不是专门）是以全面认知和数据为基础的。在某种程度上，特别是当海洋空间规划以生物区（例如，澳大利亚的西南海洋生物区）为基础时，认知和数据有助于为分析、管理和影响源的特定范围。

联合国教科文组织海洋空间规划的指导方针的第5步包含了确定和分析现状。该步骤的结果包括：

- 重要生物学和生态区地图的详细目录；
- 评价目前人类活动冲突和兼容性地图的详细目录。

这非常接近海洋生境地图，或许仅仅是目的不同（换句话说，物种、人类活动及生境分布图），利用普通数据集（例如，生态分布、人类活动的空间模式、海洋数据等）、技术及当前的综合管理框架。考虑到趋势和发展情况，海岸带和海洋环境现状的详细目录促成了大范围基线数据的整合。这里，应当在时空尺度下考虑反映生境特性和指标的数据库。详细目录应尽可能的综合，包括具体的生态特性，特别是敏感或生态重要区。另外，还应确定主要压力和威胁以及依赖特殊类型海洋区域的部门，例如，博伊斯等人（Boyes et al.，2007）的研究。

数据管理直接反映出对生态系统方法应用于渔业管理所需海洋数据的重要性，它与数据本身（包括记录和元数据）同等重要。应当以图集、地理数据库和地理信息系统的形式处理和管理数据。地理数据库可能与空间分析框架内进行处理的数据模型有关。

第 6 步是评价未来形势。这一步确定了未来的发展方向，即管理的结果，旨在对预期的未来进行设想和规划。确定并分析未来形势，包括人类用海需求的时空趋势、对未开发海域的新需求、规划区域和选择更好的用海洋方案。关于人类时空方面的需要、食品安全的未来需求（以及海洋空间的某些专门用途），很可能在引导管理目标过程中限制空余海域的可用性。评价未来形势与管理过程（MP）和管理战略评估（MSE）模型是同步的，重点在管理模型的组成部分。重要的是，该步骤并不以数据为基础。不过，用海方案需要以现状为基础，预测可能发生冲突的海域。与此类似，目前的知识库将有助于确定未来的驱动因素：①生态学和生物多样性；②经济，或者③社会和文化。数据也用于未来的考量，如物理和环境因素限制了诸如采集和离岸风机设置的活动。通过明确分区筹备海洋空间规划必须要确定需要保护的关键区域，如海洋保护区（MPAs）、自然保护区（鱼、鸟、珊瑚礁、湿地）。

监测和评估海洋空间规划的执行情况（第 9 步）是一项连续的管理活动，该活动使用选择性指标的系统数据为管理者和利益相关者提供实现目标的信息，因此，与使用基于生态系统的渔业管理指标是并列的，在渔业管理领域，针对海洋生态系统指标的效能、可测性、诊断性、传递性已经开展了广泛的研究。监测和评估允许：

①评估系统（例如，生物多样性情况）状态；

②测量管理活动的执行情况。

有些问题是测量的基础，而监测目标必须清楚明白这些问题。它不仅是一项数据采集活动，而且也是一项管理、分析、综合、解释的活动，因此，是提供资源的活动。通过监测要处理的关键问题是把人类活动与自然易变性分开，这对本身就很复杂且易变的生态系统而言是非常困难的。经验教训或许能从渔业管理研究中获取，包括指标应用、整合了外来驱动力的生态系统模型以及评估渔业区和非渔业区发展趋势的保护区选划方案。在地理信息系统平台上应用空间指标进行区划，或许是该过程的第一步，也是以现有的基于生态系统的渔业管理工具为基础。

海洋空间规划（MSP）监测包括建模、实验室和现场研究、时间序列测量、质量保证、数据分析工具、整合和解释。为了检测趋势和路径，参数和指标的基础数据是必不可少的。根据指标在采用生态系统方法的渔业管理过程中发挥的效能，支撑海洋空间规划的指标可能是定量或者定性的，其功能是简化、量化和信息化，指标特性见表 5.7。重要的是，这些指标难以直接用于评估生态系统的功能或状态——当然，不管其运行模式如何，生态系统方法的所有目标都是以保护生态系统功能或状态为基础的。因此，需要深入研究用于评估管理过程的生态系统指标的发展和应用情况。

表 5.7 海洋空间规划监测和评估指标的特性

易测性	使用现有工具、监测方法和可分析工具在时间尺度上为管理提供支撑。
节省成本	监测资源往往是有限的。
明确性	直接可视、可测的指标具有可获得性，因为它们更容易被不同的利益相关者判断和接受。
可判断性	指标应该能反映利益相关者关心的事项，指标应该尽可能被更多的利益相关者理解。
理论性	指标应以广为接受的科学理论为基础，而非未经充分解释或验证的理论联系。
灵敏性	指标对于监测特性是敏感的（如，能够直接反映影响和特性的趋势）。
易控性	指标应能够测量管理行动的效果，为管理的执行情况和结果提供及时可靠的反馈。
针对性	指标应能反映期望测量的属性，而不是其他属性，换言之，指标应该能在若干可视响应中区分出其他因素的效果。

来源：Ehler and Douvere（2009）。

渔业管理和海洋空间规划对生态系统方法的数据和知识需求之间存在相似之处，二者均以健全的原则、全面的理论为基础，在渔业管理领域还包括良好的实践基础。尽管没有明确指出详细的渔业管理经验，但伊勒和道威尔（Ehler and Douvere，2009）通过在海洋生态系统管理中采用指标和时间序列数据而勾画了海洋空间规划原则。的确，海洋空间规划指标的要求与生态系统功能和健康的指标要求几乎一致。与此类似，渔业管理战略情景测试的模型框架和方法既是确定当前资源清单的有效技术，也是处理、区划空间参考数据的平台，非常适合于海洋空间规划。这同样有助于提升方法的预警性和适应性。

同样，就数据和知识匮乏，对时空差异性、不确定性、海洋资源受到的影响（环境、生态、社会经济方面）考虑不周以及不完善的知识交流而言，渔业管理和海洋空间规划在应用生态系统方法方面面临着的相同挑战。不过，二者或许在时间和利益相关者参与的范围方面有所不同，在海洋空间规划过程中开展得更早、更宽泛，而且在跨学科知识共享和引导渔业管理实践方面具有悠久的历史。

5.5 未来挑战

根据已有经验，为使生态系统方法纳入到海洋空间规划框架内的海洋环境管理工作，在开展渔业管理的过程中，不论是基于生态系统的管理还是采用生态系统方法，都将涉及诸多领域。如果不从渔业管理科学家、利益相关者、决策者和政策制定者处获得有关经验，现有缺陷和挑战仍然很有可能在海洋空间规划框架内存在，这将是巨大的失误。事实上，海洋保护区实施所面临的挑战已经在今后的研究工作中得到了重视。

就当前数据的实际利用情况来看，数据管理措施是制定共同数据协议的重要步骤，为跟踪管理进程提供了支撑，也是实现适应性管理的基本要求。同样，指标应用方面的工作揭示了共享长期数据的重要性，或许需要对当前监测活动做修正或进一步完善。在这一数据收集过程中，往往有这样一种倾向，即收集较易获得的信息而非重要的信息。同样的，社会经济数据常常被忽略。监测过程应当同清晰的政策决策目标相联系，数据应用应建立在与利益相关者进行对话和沟通的基础之上。

建模仍处于起步阶段，尤其是当涉及复杂的生态系统模型时，其目的是预测内在动力或外部驱动所引起的变化。因此，他们应当被视为识别应对气候变化、环境和人类行为的工具。由于利益相关者和决策者的科学焦点（换句话说，不涉及政策目标）、难以理解性（很难传达给非专业人士）以及诸多模型中未包含社会经济数据，因此，他们应慎重对待模型。

在讨论生态系统方法的科学作用时，要注意决策很少建立在长期成果的基础之上，而对短期因素的考虑往往在决策中占据主导地位。短期成果的不确定性较低，对众多参与者而言，短期决策相对于长期决策更具有真实性。在生态系统方法应用于渔业管理过程中，许多倾向于产生长期生态学结果的决策需要耗费短期社会或经济成本，而这些成本令人感觉无论是长期或短期都难以得到充分的补偿。此外，成本体现在广大公民身上，而收益则体现在庞大、复杂而抽象的"生态系统"（对大多数人而言是抽象的）中。

因此，在决策过程中，无论时间尺度如何，生态因素都应与经济和社会因素一同考虑。利用较高的短期社会或经济成本实现预期的生态结果是决策者们不愿看到的，社会部门也不愿承担相应的社会和经济成本。为了确保赋予这三方面适当的权重，生态领域需要在其倾向的结果中承认固有成本，并与社会和经济方面的专家合作，制定能够解决这些成本的战略。与此同时，应当尽可能明确地表达政策目标，以便引导专家的研究工作，并增强其成果与政策之间的相关性。所有参与者需要接受正处于"试验"阶段的适应性管理理念，在跟踪监测和政策周期性调整的背景下，对其形成最佳但有瑕疵的理解。

在应对这些挑战的过程中，进展最快的可能是地方层面。海洋管理中的公众和政治参与在区域尺度上更为困难。随着所在尺度的增大，既定管理措施的重要性越来越大，其执行难度也越大。同样的，跨学科观点在海洋管理中越来越难以实现，因为学科间平衡变得越来越复杂和困难，生态和社会科学专业知识越来越分散，互相分割的行政系统和互相冲突和重叠交叉的国际协议成为障碍。专家们需要开放的心态，无比的耐心和多元化的合作，才能克服这些挑战。

参考文献

Agardy, T. (2000) 'Effects of fisheries on marine ecosystems: A conservationist's perspective', *ICES Jour-*

nal of Marine Science, vol 57, no 3, pp761 – 765

Agardy, T. (2003) 'An environmentalist's perspective on responsible fisheries: The need for holistic approaches', in M. Sinclair and G. Valdimarsson (eds) *Responsible Fisheries in the Marine Ecosystem*, FAO and CABI Publishing, Wallingford, Oxford, pp65 – 85

Andaloro, F., Baro, J., Coppola, S. R. and Koutrakis, E. T. (2002) 'Small scale fi sherry along the Mediterranean coast: New opportunities of development', *International Conference on Mediterranean Fisheries*, June 21 – 22, Naples

Anderson, C. N. K., Hsieh, C. S., Sandin, S. A., Hewitt, R., Hollowed, A., Beddington, J., May, R. M. and Sugihara, G. (2008) 'Why fi shing magnifi es fl uctuations in fish abundance', *Nature*, vol 452, no 7189, pp835 – 839

Ault, J. S (1996) 'A fi shery management system approach for Gulf of Mexico living resources', in P. J. Rubec and J. O' Hop (eds) *GIS Applications for Fisheries and Coastal Resources Management*, vol 43, Gulf States Marine Fisheries Commission, pp106 – 111

Auster, P. (1998) 'A conceptual model of the impacts of fi shing gear on the integrity of fish habitats', *Conservation Biology*, vol 12, no 6, pp1198 – 1203

Babcock, E. A., Pikitch, E. K., McAllister, M. K., Apostolaki, P. and Santora, C. (2005) 'A perspective on the use of spatialized indicators for ecosystem – based fisherry management through spatial zoning', *ICES Journal of Marine Science*, vol 62, no 3, pp469 – 476

Ball, I. R. (2000) *Mathematical Applications for Conservation Ecology: The Dynamics of Tree Hollows and the Design of Nature Reserves*, University of Adelaide

Ball, I. R., Possingham, H. P. and Watts, M. (2009) 'Marxan and relatives: Software for spatial conservation prioritisation', in A. Moilanen, K. A. Wilson, and H. P. Possingham (eds) *Spatial Conservation Prioritisation: Quantitative Methods and Computational Tools*, Oxford University Press, Oxford, pp185 – 195

Balmford, A., Bruner, A., Cooper, P., Costanza, R., Farber, S., Green, R. E., Jenkins, M., Jeff eriss, P., Jessamy, V., Madden, J., Munro, K., Myers, N., Naeem, S., Paavola, J., Rayment, M., Rosendo, S., Roughgarden, J., Trumper, K. and Turner, R. K. (2002) 'Economic reasons for conserving wild nature', *Science*, vol 297, no 5583, pp950 – 953

Barange, M. (2005) *Science for Sustainable Marine Bioresources*, report for the Natural Environment Research Council, Defra and the Scottish Executive for Environment and Rural Affairs, Plymouth Marine Laboratory, Plymouth

Baretta, J. W., Ebenhöh, W. and Ruardij, P. (1995) 'The European Regional Seas Ecosystem Model, a complex marine ecosystem model', *Netherlands Journal of Sea Research*, vol 33, nos 3 – 4, pp233 – 246.

Battista, T. A. and Monaco, M. E. (2004) 'Geographic information systems applications in coastal marine fisheries', in W. L. Fisher and F. J. Rahel (eds) *Geographic Information Systems in Fisheries*, American Fishery Society, Bethesda, Maryland, pp189 – 208

Berkson, J. M., Kline, L. and Orth, D. J. (eds) (2002) *Incorporating Uncertainty into Fishery Models*,

Symposium 27, American Fisheries Society, Bethesda, Maryland Beverton, R. J. H. and Holt, S. J. (1957) *On the Dynamics of Exploited Fish Populations*,

Chapman and Hall, London Bianchi, G. , Gislason, H. , Graham, K. , Hill, L. , Jin, X. , Koranteng, K. , Manickchand – Heileman, S. , Payá, I. , Sainsbury, K. , Sanchez, F. and Zwanenburg, K. (2000) 'Impact of fi shing on size composition and diversity of demersal fi sh communities', *ICES Journal of Marine Science*, vol 57, no 3, pp558 – 571

Blackford, J. C. and Radford, P. J. (1995) 'A structure and methodology for marine ecosystem modelling', *Netherlands Journal of Sea Research*, vol 33, nos 3 – 4, pp247 – 260

Blackford, J. C. , Allen, J. I. and Gilbert, F. J. (2004) 'Ecosystem dynamics at six contrasting sites: A generic modelling study', *Journal of Marine Systems*, vol 52, nos 1 – 4, pp191 – 215

Blanchard, J. L. , Coll, M. , Trenkel, V. M. , Vergnon, R. , Yemane, D. , Jouff re, D. , Link, J. S. and Shin, Y. – J. (2010) 'Trend analysis of indicators: A comparision of recent changes in the status of marine ecosystems around the world', *ICES Journal of Marine Science*, vol 67, no 4, pp732 – 744

Boyes, S. J. , Elliott, M. , Thomson, S. M. , Atkins, S. and Gilliland, P. (2007) 'A proposed multiple – use zoning scheme for the Irish Sea: An interpretation of current legislation through the use of GIS – based zoning approaches and effectiveness for the protection of nature conservation interests', *Marine Policy*, vol 31, no 3, pp287 – 298

Butterworth, D. S. and Punt, A. E. (1999) 'Experiences in the evaluation and implementation of management procedures', *ICES Journal of Marine Science*, vol 56, no 6, pp985 – 998

Butterworth, D. S. and Punt, A. E. (2003) 'The role of harvest control laws, risk and uncertainty and the precautionary approach in ecosystem – based management', in M. J. Sinclair and H. Valdimarsson (eds) *Responsible Fisheries in the Marine Ecosystem*, FAO, Rome, pp311 – 319

Butterworth, D. S. and Rademeyer, R. A. (2005) 'Sustainable management initiatives for the southern African hake fi sheries over recent years', *Bulletin of Marine Science*, vol 76, no 2, pp287 – 320

Cairns, J. , McCormick, P. V. and Niederlehner, B. R. (1993) 'A proposed framework for developing indicators of ecosystem health', *Hydrobiologia*, vol 263, pp1 – 44

Casini, M. , Lovgren, J. , Hjelm, J. , Cardinale, M. , Molinero, J. – C. and Kornilovs, G. (2008) 'Multi – level trophic cascades in a heavily exploited open marine ecosystem', *Proceedings of the Royal Society of London B: Biological Sciences*, vol 275, pp1793 – 1801

CBD (Convention on Biological Diversity) (2000) *Decision V/6 adopted by the Conference of Parties to the Convention on Biological Diversity at its Fifth Meeting*, Nairobi, Kenya Charbonnier, A. and Caddy, J. F. (1986) *Report of GFCM on the Methods of Evaluating Small Scale Fisheries in the Western Mediterranean*. Sete, France 13 – 16 May 1986, FAO Fisheries Report 362

Chifflet, M. , Andersen, V. , Prieur, L. and Dekeyser, I. (2001) 'One – dimensional model of short – term dynamics of the pelagic ecosystem in the NW Mediterranean Sea: Effects of wind events', *Journal of Marine Systems*, vol 30, nos 1 – 2, pp89 – 114

Christensen, V. and Walters, C. J. (2004) 'Ecopath with Ecosim: Methods, capabilities and limitations',

Ecological Modelling, vol 172, nos 2 – 5, pp109 – 139

Christensen, V. , Guenette, S. , Heymans, S. , Walters, C. J. , Watson, R. , Zeller, D. and Pauly, D. (2001) 'Estimating fi sh abundance of the North Atlantic, 1950 – 2000', in S. Guenette, V. Christensen and D. Pauly (eds) *Fisheries Impacts on North Atlantic Ecosystems: Models and Analyses*, Fisheries Centre Research Report 9, University of British Columbia, Vancouver, pp1 – 25

Chuenpagdee, R. , Morgan, L. E. , Maxwell, S. M. , Norse, E. A. and Pauly, D. (2003) 'Shifting gears: Assessing collateral impacts of fi shing methods in US waters', *Frontiers in Ecology and the Environment*, vol 1, no 10, pp517 – 524

Clark, J. R. (1992) *Integrated Management of Coastal Zones*, FAO, Fisheries Technical Paper 327

Cogan, C. B. , Todd, B. J. , Lawton, P. and Noji, T. T. (2009) 'The role of marine habitat mapping in ecosystem – based management', *ICES Journal of Marine Science*, vol 66, no 9, pp2033 – 2042

Collet, S. (1999) 'Regionalisation and eco – development: Which pathway for artisanal fi shers?', in D. Symes (ed) *Europe's Southern Waters: Management Issues and Practice*, Blackwell Science, Oxford, pp42 – 52

Collie, J. S. , Escanero, G. A. and Valentine, P. C. (1997) . 'Effects of bottom fi shing on the benthic megafauna of Georges Bank', *Marine Ecology Progress Series*, vol 155, pp159 – 172

Connor, D. , Gilliland, P. , Golding N. , Robinson, P. , Todd, D. and Verling, E. (2006) *UKSeaMap: The Mapping of Seabed and Water Column Features of UK Seas*, Joint Nature Conservation Committee, Peterborough

Constable, A. J. , de la Mare, W. K. , Agnew, D. J. , Everson, I. and Miller, D. (2000) 'Managing fisheries to conserve the Antarctic marine ecosystem: Practical implementation of the Convention on the Conservation of Antarctic Marine Living Resources (CCAMLR)', *ICES Journal of Marine Science*, vol 57, no 3, pp778 – 791

Cooke, J. G. (1999) 'Improvement of fishery – management advice through simulation testing of harvest algorithms', *ICES Journal of Marine Science*, vol 56, no 6, pp797 – 810

Crispi, G. , Mosetti, R. , Solidoro, C. and Crise, A. (2001) 'Nutrients cycling in Mediterranean basins: The role of the biological pump in the trophic regime', *Ecological Modelling*, vol 138, nos 1 – 3, pp101 – 114

Cury, P. M. and Christensen, V. (2005) 'Quantitative ecosystem indicators for fi sheries management', *ICES Journal of Marine Science*, vol 62, no 3, pp307 – 310

Cury, P. M. , Shannon, L. and Shin, Y. – J. (2003) 'The functioning of marine ecosystems: A fisheries perspective', in M. Sinclair and G. Valdimarsson (eds) *Responsible Fisheries in the Marine Ecosystem*, FAO and CABI Publishing, Wallingford, Oxford, pp103 – 123

Cury, P. M. , Mullon, C. , Garcia, S. M. and Shannon, L. J. (2005a) 'Viability theory for an ecosystem approach to fi sheries', *ICES Journal of Marine Science*, vol 62, no 3, pp577 – 584

Cury, P. M. , Shannon, L. J. , Roux, J. – P. , Daskalov, G. M. , Jarre, A. , Moloney, C. L. and Pauly, D. (2005b) 'Trophodynamic indicators for an ecosystem approach to fisheries', *ICES Journal of Marine*

Science, vol 62, no 3, pp430 – 442

Dayton, P. K., Th rush, S. F., Agardy, M. T. and Hofman, R. J. (1995) 'Environmental effects of marine fi shing', *Aquatic Conservation: Marine and Freshwater Ecosystems*, vol 5, no 3, pp205 – 232

De Groot, R. (1992) Functions of Nature, Wolters – Noordhoff, Amsterdam De la Mare, W. K. (1998) 'Tidier fi sheries management requires a new MOP (management – orienated paradigm)', *Reviews in Fish Biology and Fisheries*, vol 8, no 3, pp349 – 356

Defra (Department for Environment, Food and Rural Affairs) (2002) *General Fisheries Technical Conservation Rules*, http: //Scotland. gov. uk/library5/fisheries. gftcr. pdf

Defra (2005) *Charting Progress: An Integrated Assessment of the State of the Seas*, Defra, London

Dickson, R. R., Kelly, P. M., Colebrook, J. M., Wooster, W. S. and Cushing, D. H. (1988) 'North winds and production in the eastern North Atlantic', *Journal of Plankton Research*, vol 10, no 1, pp151 – 169

Dinmore, T. A., Duplisea, D. E., Rackham, B. D., Maxwell, D. L. and Jennings, S. (2003) 'Impact of a large – scale area closure on patterns of fishing disturbance and the consequences for benthic communities', *ICES Journal of Marine Science*, vol 60, no 2, pp371 – 380

Douvere, F. and Ehler, C. N. (2007) 'International Workshop on Marine Spatial Planning, UNESCO, Paris, 8 – 10 November 2006: A summary', *Marine Policy*, vol 31, no 4, pp582 – 583

Douvere, F., Maes, F., Vanhulle, A. and Schrijvers, J. (2007) 'The role of marine spatial planning in sea use management: The Belgian case', *Marine Policy*, vol 31, no 2, pp182 – 191

Drouineau, H., Mahévas, S., Pelletier, D. and Beliaeff, B. (2006) 'Assessing the impact of different management options using ISIS – Fish: The French *Merluccius merluccius* – *Nethrops norvegicus* mixed fi shery of the Bay of Biscay', *Aquatic Living Resources*, vol 19, no 1, pp15 – 29

Duplisea, D. E., Jennings, S., Warr, K. J. and Dinmore, T. A. (2002) 'A size – based model of the impacts of bottom trawling on benthic community structure', *Canadian Journal of Fisheries and Aquatic Sciences*, vol 59, no 11, pp1785 – 1795

Eastwood, P. D., Mills, C. M., Aldridge, J. N., Houghton, C. A. and Rogers, S. I. (2007) 'Human activities in UK off shore waters: An assessment of direct, physical pressure on the seabed', *ICES Journal of Marine Science*, vol 64, no 3, pp453 – 463

Ehler, C. and Douvere, F. (2009) *Marine Spatial Planning: A Step – by – step Approach Toward Ecosystem – based Management*, Intergovernmental Oceanographic Commission and Man and the Biosphere Programme, IOC Manual and Guides No 53, ICAM Dossier No 6, UNESCO, Paris

Elith, J. and Graham, C. H. (2009) 'Do they? How do they? WHY do they differ? On finding reasons for diff ering performances of species distribution models', *Ecography*, vol 32, no 1, pp66 – 77

Embling, C. B., Gillibrand, P. A., Gordon, J., Shrimpton, J., Stevick, P. T. and Hammond, P. S. (2010) 'Using habitat models to identify suitable sites for marine protected areas for harbour porpoises (*Phocoena phocoena*)', *Biological Conservation*, vol 143, no 2, pp267 – 279

FAO (Food and Agriculture Organization) (1996) *Precautionary Approach to Fisheries: Guidelines on the Pre-*

cautionary Approach to Capture Fisheries and Species Introductions, FAO Fisheries Technical Paper 350-1

FAO (2002) *Report of the Reykjavik Conference on Responsible Fishing*, FAO Fisheries Report 658

FAO (2003) *The Ecosystem Approach to Fisheries*, FAO Technical Guidelines for Responsible Fisheries

FAO (2009) *The State of World Fisheries and Aquaculture* 2008, FAO, Rome, available at www. fao. org/fishery/sofia/en

Farruggio, H. (1989) 'Artisanal et pêche en Méditerranée évolution et état thé la recherché', *La recherche Face a la Pêche Artisanal Symposium International*, ORSTOM – IFREMER, Montpellier, 3 – 5 July 1989

Fielding, A. H. and Bell, J. F. (1997) 'A review of methods for the assessment of prediction errors in conservation presence/absence models', *Environmental Conservation*, vol 24, pp38 – 49

Fisher, W. S., Jackson, L. E., Suter, G. W. and Bertram, P. (2001) 'Indicators for human and ecological risk assessment: A US EPA perspective', *Human and Ecological Risk Assessment*, vol 7, no 5, pp961 – 970

Fogarty, M. J. and Murawski, S. A. (1998) 'Large – scale disturbance and the structure of marine systems: Fishery impacts on Georges Bank', *Ecological Applications*, vol 8, ppS6 – S22

Fréon, P., Drapeau, L., David, J. H. M., Fernández Moreno, A., Leslie, R. W., Oosthuizen, W. H., Shannon, L. J. and van der Lingen, C. D. (2005) 'Spatialized ecosystem indicators in the southern Benguela', *ICES Journal of Marine Science*, vol 62, no 3, pp459 – 468

Frid, C. L. J., Paramor, O. A. L. and Scott, C. L. (2005) 'Ecosystem – based fisheries management: Progress in the NE Atlantic', *Marine Policy*, vol 29, no 5, pp461 – 469

Frid, C. J. L., Paramor, O. A. L. and Scott, C. L. (2006) 'Ecosystem – based management of fisheries: Is science limiting?', *ICES Journal of Marine Science*, vol 63, no 9, pp1567 – 1572

Garcia, S. M. (2000) 'The FAO definition of sustainable development and the Code of Conduct for Responsible Fisheries: An analysis of the related principles, criteria and indicators', *Marine & Freshwater Research*, vol 51, no 5, pp535 – 541

Garcia, S. M. (2005) 'Fishery science and decision – making: Dire straights to sustainability', *Bulletin of Marine Science*, vol 76, no 2, pp171 – 196

Garcia, S. M. and Staples, D. J. (2000) 'Sustainability reference systems and indicators for responsible marine capture fisheries: A review of concepts and elements for a set of guidelines', *Marine & Freshwater Research*, vol 51, no 5, pp385 – 426

Garibaldi, L. and Caddy, S. M. (1998) 'Biogeographic characterization of Mediterranean and Black Seas faunal provinces using GIS procedures', *Ocean & Coastal Management*, vol 39, no 3, pp211 – 227

Gerber, L. R., Botsford, L. W., Hastings, A., Possingham, H. P., Gaines, S. D., Palumbi, S. R. and Andelman, S. (2003) 'Population models for marine reserve design: A retrospective and prospective synthesis', *Ecological Applications*, vol 13, no 1, ppS47 – S64

Gerber, L. R., Wielgus, J. and Sala, E. (2007) 'A decision framework for the adaptive management of an exploited species with implications for marine reserves', *Conservation Biology*, vol 21, no 6, pp1594 – 1602

Greenstreet, S. P. R. and Rogers, S. I. (2006) 'Indicators of the health of the North Sea fish community: Identifying reference levels for an ecosystem approach to management', *ICES Journal of Marine Science*, vol 63, no 4, pp573 – 593

Guisan, A. and Zimmerman, N. E. (2000) 'Predictive habitat distribution models in ecology', *Ecological Modelling*, vol 135, nos 2 – 3, pp147 – 186

Haedrich, R. L. , Devine, J. A. and Kendall, V. J. (2008) 'Predictors of species richness in the deep – benthic fauna of the northern Gulf of Mexico', *Deep – Sea Research II*, vol 55, pp2650 – 2656

Hall, S J. (1994) 'Physical disturbance and marine benthic communities: Life in unconsolidated sediments', *Oceanography and Marine Biology: An Annual Review*, vol 32, pp179 – 239

Hall, S. J. (1999) 'Managing fisheries within ecosystems: Can the role of reference points be expanded?', *Aquatic Conservation: Marine and Freshwater Ecosystems*, vol 9, no 6, pp579 – 583

Hardy, A. (1956) *The Open Sea*, Collins, London

Hazin, H. and Erzini, K. (2008) 'Assessing swordfish distribution in the South Atlantic from spatial predictions', *Fisheries Research*, vol 90, nos 1 – 3, pp45 – 55

Hiddink, J. G. , Hutton, T. , Jennings, S. and Kaiser, M. J. (2006) 'Predicting the effects of area closures and fi shing eff ort restrictions on the production, biomass, and species richness of benthic invertebrate communities', *ICES Journal of Marine Science*, vol 63, no 5, pp822 – 830

Higgason, K. D. and Brown, M. (2009) 'Local solutions to manage the effects of global climate change on a marine ecosystem: A process guide for marine resource managers', *ICES Journal of Marine Science*, vol 66, no 7, pp1640 – 1646

Hilborn, R. (1985) 'Fleet dynamics and individual variation: Why some people catch more fish than others', *Canadian Journal of Fisheries and Aquatic Sciences*, vol 42, no 1, pp2 – 13

Hoff mann, E. and Pérez – Ruzafa, A. (2009) 'Marine Protected Areas as a tool for fi sherry management and ecosystem conservation: An introduction', *ICES Journal of Marine Science*, vol 66, no 1, pp1 – 5

Holland, D. S. (2003) 'Integrating spatial management measures into traditional fi sherry management systems: The case of the Georges Bank multispecies groundfish fishery', *ICES Journal of Marine Science*, vol 60, no 5, pp915 – 929

Hollowed, A. B. , Bax, N. , Beamish, R. , Collie, J. , Fogarty, M. , Livingston, P. , Pope, J. and Rice, J. C. (2000) 'Are multispecies models an improvement on single – species models for measuring fi shing impacts on marine ecosystems?', *ICES Journal of Marine Science*, vol 57, no 3, pp707 – 719

Horwood, J. W. , Nichols, J. H. and Milligan, S. (1998) 'Evaluation of closed areas for fish stock conservation', *Journal of Applied Ecology*, vol 35, no 6, pp893 – 903

Hoydal, K. (2007) 'Viewpoint: The interface between scientific advice and fisheries management', *ICES Journal of Marine Science*, vol 64, no 4, pp846 – 850

Hsieh, C. H. , Reiss, C. S. , Hunter, J. R. , Beddington, J. R. , May, R. M. and Sugihara, G. (2006) 'Fishing elevates variability in the abundance of exploited species', *Nature*, vol 443, no 7114, pp859 – 862

Hutchings, J. A and Myers, R. A. (1994) 'What can be learned from the collapse of a renewable resource? Atlantic cod, *Gadus morhua*, of Newfoundland and Labrador', *Canadian Journal of Fisheries and Aquatic Sciences*, vol 51, no 9, pp2126 – 2146

ICES (International Council for the Exploration of the Sea) (2000) *Report of the Working Group on the Ecosystem Effects of Fishing Activities*, ICES, Copenhagen

ICES (2005) *Report of the ICES Advisory Committee on Fishery Management*, Advisory Committee on the Marine Environment, and Advisory Committee on Ecosystems, ICES Copenhagen

ICES (2006) *Report of the Working Group on the Ecosystem Effects of Fishing Activity*, ICES, Copenhagen

Jennings, S. (2005) 'Indicators to support an ecosystem approach to fisheries', *Fish and Fisheries*, vol 6, no 3, pp212 – 232

Jennings, S. (2009) 'The role of marine protected areas in environmental management', *ICES Journal of Marine Science*, vol 66, no 1, pp16 – 21

Jennings, S. and Dulvy, N. K. (2005) 'Reference points and reference directions for sizebased indicators of community structure', *ICES Journal of Marine Science*, vol 62, no3, pp397 – 404

Jennings, S. and Kaiser, M. J. (1998) 'The effects of fi shing on marine ecosystems', *Advances in Marine Biology*, vol 34, pp201 – 352

Jennings, S., Greenstreet, S. P. R. and Reynolds, J. D. (1999) 'Structural change in an exploited fi sh community: A consequence of differential fishing effects on species with contrasting life histories', *Journal of Animal Ecology*, vol 68, no 3, pp617 – 627

Jennings, S., Kaiser, M. J. and Reynolds, J. D. (2001) *Marine Fisheries Ecology*, Blackwell Science, Oxford

Kell, L. T., Pilling, G. M., Kirkwood, G. P., Pastoors, M. A., Mesnil, B., Korsbrekke, K., Abaunza, P., Aps, R., Biseau, A., Kunzlik, P., Needle, C. L., Roel, B. A. and Ulrich, C. (2006) 'An evaluation of multi – annual management strategies for ICES roundfish stocks', *ICES Journal of Marine Science*, vol 63, no 1, pp12 – 24

Kemp, Z. and Meaden, G. (2002) 'Visualization for fisheries management from a spatiotemporal perspective', *ICES Journal of Marine Science*, vol 59, no 1, pp190 – 202

Koslow, J. A. (2009) 'The role of acoustics in ecosystem – based fishery management', *ICES Journal of Marine Science*, vol 66, no 6, pp966 – 973

Kraus, G., Pelletier, D., Dubreuil, J., Mollmann, C., Hinrichsen, H. – H., Bastardie, F., Vermard, Y. and Mahévas, S. (2009) 'A model – based evaluation of Marine Protected Areas: The example of eastern Baltic cod (*Gadus morhua callarias L.*)', *ICES Journal of Marine Science*, vol 66, no 1, pp109 – 121

Krause, M. and Trahms, J. (1983) *Zooplankton Dynamics During FLEX* '76, Springer, Berlin

Leonard, J. and Maynou, F. (2003) 'Fish stocks assessments in the Mediterranean: State of the art', *Scientia Marina*, vol 67, pp37 – 49

Lindholm, J. B., Auster, P. J., Ruth, M. and Kaufman. L. (2001) 'Modeling the effects of fi shing and implications for the design of marine protected areas: Juvenile fish responses to variations in seafloor habitat', *Conservation Biology*, vol 15, no 2, pp424 – 437

Mahévas, S. and Pelletier, D. (2004) 'ISIS – Fish, a generic and spatially explicit simulation tool for evaluating the impact of management measures on fisheries dynamics', *Ecological Modelling*, vol 171, nos 1 – 2, pp65 – 84

Makris, N. C., Ratilal, P., Symonds, D. T., Jagannathan, S., Lee, S. and Nero, R. W. (2006) 'Fish population and behaviour revealed by instantaneous continental shelfscale imaging', *Science*, vol 311, no 5761, pp660 – 663

Mangi, S. C., Hattam, C., Rodwell, L. D., Rees, S. and Stehfest, K. (2009) *Initial Report on Socio – economic Costs of Closing Lyme Bay to Scallop Dredging and Heavy Trawling Gear*, report to Defra, June 2009

Marshall, C. E., Glegg, G., Howell, K. L., Embling, C. B., Langston, B. and Stevens, T. (2010) 'Using predictive distribution modelling to inform monitoring of benthic recovery in a temperate marine protected area: A case study using a shallow water gorgonian', in review

Mayer, F. L. and Ellersieck, M. R. (1986) *Manual of Acute Toxicity: Interpretation and Data Base for* 410 *Chemicals and* 66 *Species of Freshwater Animals*, Resource Publication 160, US Fish and Wildlife Service, Washington, DC

MEA (Millennium Ecosystem Assessment) (2005) *Ecosystems and Human Well – being: Synthesis*, Island, Washington, DC

Megrey, B. and Hinckley, S. (2001) 'Effect of turbulence on the feeding of larval fishes: A sensitivity analysis using an individual – based model', *ICES Journal of Marine Science*, vol 58, no 5, pp1015 – 1029

Murawski, S. (2000) 'Definitions of overfishing from an ecosystem perspective', *ICES Journal of Marine Science*, vol 57, no 3, pp649 – 658

Murawski, S. (2007) 'Ten myths concerning ecosystem approaches to marine resource management', *Marine Policy*, vol 31, no 6, pp681 – 690

Murawski, S. A., Brown, R., Lai, H. L., Rago, P. R. and Hendrickson, L. (2000) 'Largescale closed areas as a fishery management tool in temperate marine systems: The Georges Bank experience', *Bulletin of Marine Science*, vol 66, no 3, pp775 – 798

Nicholson, M. D. and Jennings, S. (2004) 'Testing candidate indicators to support ecosystem – based management: The power of monitoring surveys to detect temporal trends in fish community metrics', *ICES Journal of Marine Science*, vol 61, no 1, pp35 – 42

Noji, T. T., Fromm, S., Vitaliano, J. and Smith, K. (2008) *Habitat Suitability Modelling Using the Kostylev Approach as an Indicator of Distribution of Benthic Invertebrates*, ICES Document CM 2008/G: 15

NRC (National Research Council) (2000) *Ecological Indicators for the Nation*, National Academy Press, Washington, DC

OSPAR (1992) *Convention for the Protection of the Marine Environment of the North – east Atlantic*, Annex V, The Protection and Conservation of the Ecosystems and Biological Diversity of the Maritime Areas, www. ospar. org

Panzeri, M. and Morris, K. (2000) 'The integration of spatial and temporal data for consortia – based initiatives: The use of a 4D GIS', in *Oceanology* 2000, pp337 – 347

Pascoe, S. (2006) 'Economics, fisheries, and the marine environment', *ICES Journal of Marine Science*, vol 63, no 1, pp1 – 3

Patterson, K. R., Cook, R. M., Darby, C. D., Gavaris, S., Kell, L., Lewy, P., Mesnil, B., Punt, A., Restrepo, V., Skagen, D. W. and Stefánsson, G. (2001) 'Estimating uncertainty in fish stock assessment and forecasting', *Fish and Fisheries*, vol 2, no 2, pp125 – 157

Pattison, D., dos Reis, D. and Smilie, H. (2004) *An Inventory of GIS – Based Decision – Support Tools for MPAs*, prepared by the National MPA Center in cooperation with the National Oceanic and Atmospheric Administration Coastal Services Center

Pauly, D. (2006) 'Major trends in small – scale marine fisheries, with emphasis on developing countries, and some implications for the social sciences', *MAST*, vol 4, no 2, pp7 – 22

Pauly, D., Christensen, V. and Walters, C. (2000) 'Ecopath, Ecosim and Ecospace as tools for evaluating ecosystem impact of fisheries', *ICES Journal of Marine Sciences*, vol 57, no 3, pp697 – 706

Pauly, D., Christensen, V., Dalsgaard, J., Froese, R. and Torres, F. Jr. (1998) 'Fishing down marine food webs', *Science*, vol 279, pp860 – 863

Pauly, D., Christensen, V., Guénette, S., Pitcher, T. J., Sumalia, U. R., Walters, C. J., Watson, R. and Zeller, D. (2002) 'Towards sustainability in world fisheries', *Nature*, vol 418, no 6898, pp689 – 695

Peckett, F. J., Glegg, G. A. and Rodwell, L. D. (2010) *Assessing the Quality of Data Required to Protect Marine Biodiversity*, working paper, University of Plymouth

Pelletier, D. and Mahévas, S. (2005) 'Spatially explicit fisheries simulation models for policy evaluation', *Fish and Fisheries*, vol 6, no 4, pp307 – 349

Petihakis, G., Smith, C. J., Triantafyllou, G., Sourlantzis, G., Papadopoulou, K. – N., Pollani, A. and Korres, G. (2007) 'Scenario testing of fisheries management strategies using a high resolution ERSEM – POM ecosystem model', *ICES Journal of Marine Science*, vol 64, no 9, pp1627 – 1640

Piet, G. J., Jansen, H. M. and Rochet, M. – J. (2008) 'Evaluating potential indicators for an ecosystem approach to fishery management in European waters', *ICES Journal of Marine Science*, vol 65, no 8, pp1449 – 1455

Pikitch, E., Santora, C., Babcock, E. A., Bakun, A., Bonfi l, R., Conover, D. O., Dayton, P., Doukakis, P., Fluharty, D., Heneman, B., Houde, E. D., Link, J., Livingston, P. A., Mangel, M., McAllister, M. K., Pope, J. and Sainsbury, K. J. (2004) 'Ecosystem based fishery management', *Science*, vol 305, no 5682, pp346 – 347

Pinnegar, J. K., Blanchard, J. L., Mackinson, S., Scott, R. D and Duplisea, D. E. (2005) 'Aggregation and removal of weak – links in food – web models: System stability and recovery from disturbance', *Ecological Modelling*, vol 184, nos 2 – 4, pp229 – 248

Pitcher, T. J. and Preikshot, D. (2001) 'RAPFISH: A rapid appraisal technique to evaluate the sustainability status of fisheries', *Fisheries Research*, vol 49, no 3, pp255 – 270

Plagányi, é. E. and Butterworth, D. S. (2004) 'A critical look at the potential of Ecopath with Ecosim to assist in practical fisheries management', *African Journal of Marine Science*, vol 26, pp261 – 287

Polovina, J. J. and Howell, E. A. (2005) 'Ecosystem indicators derived from satellite remotely sensed oceanographic data for the North Pacific', *ICES Journal of Marine Science*, vol 62, no 3, pp319 – 327

Ponte, S., Raakjaer, J. and Campling, L. (2007) 'Swimming upstream: Market access for African fi sh exports in the context of WTO and EU negotiations and regulation', *Development Policy Review*, vol 25, pp113 – 138

Pope, J. G., Rice, J. C., Daan, N., Jennings, S. and Gislason, H. (2006) 'Modelling an exploited marine fi sh community with 15 parameters: Results from a simple sizebased model', *ICES Journal of Marine Science*, vol 63, no 6, pp1029 – 1044

Possingham, H., Ball, I. and Andelman, S. (2002) 'Mathematical methods for identifying representative reserve networks', in S. Ferson, and M. Burgman (eds) *Quantitative Methods for Conservation Biology*, Springer – Verlag, New York, pp291 – 305

Power, M. E., Tilman, D., Estes, J. A., Menge, B. A., Bond, W. J., Mills, L. S., Daily, G., Castilla, J. C., Lubchenco, J. and Paine, R. T. (1996) 'Challenges in the quest for keystones', *BioScience*, vol 48, no 8, pp609 – 620

Powles, H., Bradford, M. J., Bradford, R. G., Doubleday, W. G., Innes, S. and Levings, C. D. (2000) 'Assessing and protecting endangered marine species', *ICES Journal of Marine Science*, vol 57, no 3, pp669 – 676

Punt, A. E. and Hilborn, R. (1997) 'Fisheries stock assessment and decision analysis: The Bayesian approach', *Reviews in Fish Biology and Fisheries*, vol 7, no 1, pp35 – 63

Punt, A. E., Smith, A. D. M. and Cui, G. (2001) 'Review of progress in the introduction of management strategy evaluation (MSE) approaches in Australia' s South East Fishery', *Marine & Freshwater Research*, vol 52, no 4, pp719 – 726

Rademeyer, R. A., Plagányi, é. E. and Butterworth, D. S. (2007) 'Tips and tricks in designing management procedures', *ICES Journal of Marine Science*, vol 64, no 4, pp618 – 625

Rees, H. L., Hyland, J. L., Hylland, K., Mercer Clarke, C. S. L., Roff, J. C. and Ware, S. (2008) 'Environmental indicators: Utility in meeting regulatory needs. An overview', *ICES Journal of Marine Science*, vol 65, no 8, pp1381 – 1386

Rees, S. E., Rodwell, L. D., Attrill, M. J., Austen, M. C and Mangi, S. C. (2010a) 'The value of marine biodiversity to the leisure and recreation industry and its application to marine spatial planning', *Marine Policy*, vol 34, no 5, pp868 – 875

Rees, S. E., Attrill, M. J., Austen, M. C., Mangi, S. C., Richards, J. P. and Rodwell, L. D. (2010b) 'Is there a win – win scenario for marine nature conservation? A case study of Lyme Bay, England', *Ocean & Coastal Management*, vol 53, no 3, pp135 – 145

Rice, J. and Ridgeway, L. (2009) 'Conservation of biodiversity in fi sheries management', in R. Q. Grafton, R. Hilborn, D. Squires, M. Tait and M. Williams (eds) *Handbook of Marine Fisheries Conservation and Management*, Oxford University Press, Oxford, pp139 – 149

Rice, J. C. (1999) 'How complex should operational ecosystem objectives be?', CM Z: 07, ICES, Copenhagen

Rice, J. C. (2000) 'Evaluating fishery impacts using metrics of community structure', *ICES Journal of Marine Science*, vol 57, no 3, pp682 – 688

Rice, J. C. (2005) 'Every which way but up: The sad story of Atlantic groundfish, featuring Northern cod and North Sea cod', *Bulletin of Marine Science*, vol 78, no 3, pp429 – 465

Rice, J. C. (2009) 'A generalisation of the three – stage model for advice using a Precautionary Approach in fi sheries, to apply broadly to ecosystem properties and pressures', *ICES Journal of Marine Science*, vol 66, no 3, pp433 – 444

Rice, J. C. and Legacè, è. (2007) 'When control rules collide: A comparison of fi sheries management reference points and IUCN criteria for assessing risk of extinction', *ICES Journal of Marine Science*, vol 64, no 4, pp718 – 722

Rice, J. C. and Rivard, D. (2007) 'The dual role of indicators in optimal fi sheries management strategies', *ICES Journal of Marine Science*, vol 64, no 4, pp775 – 778

Rice, J. C. and Rochet, M. – J. (2005) 'A framework for selecting a suite of indicators for fisheries management', *ICES Journal of Marine Science*, vol 62, no 3, pp516 – 527

Rice, J. C., Trujillo, V., Jennings, S., Hylland, K., Hagstrom, O., Astudillo, A. and Jensen, J. N. (2005) *Guidance on the Application of the Ecosystem Approach to Management of Human Activities in the European Marine Environment*, ICES Cooperative Research Report 273, ICES, Copenhagen

Richards, L. J. and Maguire, J. – J. (1998) 'Recent international agreements and the precautionary approach: New directions for fisheries management science', *Canadian Journal of Fisheries and Aquatic Sciences*, vol 55, no 6, pp1545 – 1552

Richardson, K., Nielsen, T. G., Pedersen, F. B., Heilmann, J. P., L 鳫 kkegaard, B. and Kaas, H. (1998) 'Spatial heterogeneity in the structure of the planktonic food web in the North Sea', *Marine Ecology Progress Series*, vol 168, pp197 – 211

Ricker, W. E. (1975) 'Computation and interpretation of biological statistics of fi sh populations', *Bulletin of the Fisheries Research Board of Canada*, vol 191, pp1 – 382

Ridgeway, L. R. (2009) 'Governance beyond areas of national jurisdiction: Linkages to sectional management', *Oceanis: Towards a New Governance of High Seas Biodiversity*, Institute for Sustainable Development and International Relations, Paris

Rijnsdorp, A. D., Buys, A. M., Storbeck, F. and Visser, E. G. (1998) 'Micro – scale distribution of beam trawl eff ort in the southern North Sea between 1993 and 1996 in relation to the trawling frequency of the sea bed and the impact on benthic organisms', *ICES Journal of Marine Science*, vol 55, no 3, pp403 – 419

Roberts, C. M. , Bohnsack, J. A. , Gell, F. , Hawkins, J. P. and Goodridge, R. (2001) 'Effects of marine reserves on adjacent fi sheries', *Science*, vol 294, no 5548, pp1920 - 1923

Roberts, C. M. , Gell, F. R. and Hawkins, J. P. (2003) *Protecting Nationally Important Marine Areas in the Irish Sea Pilot Project Region*, report to the Joint Nature Conservation Committee

Robinson, L. A. and Frid, C. L. J. (2003) 'Dynamic ecosystem models and the evaluation of ecosystem eff ects of fi shing: Can we make meaningful predictions?', *Aquatic Conservation: Marine and Freshwater Ecosystems*, vol 13, no 1, pp5 - 20

Rochet, M. - J. and Rice, J. C. (2005) 'Do explicit criteria help in selecting indicators for ecosystem - based fisheries management?', *ICES Journal of Marine Science*, vol 62, no 3, pp528 - 539

Rochet, M. - J. and Rice, J. C. (2009) 'Simulation - based management strategy evaluation: Ignorance disguised as mathematics?', *ICES Journal of Marine Science*, vol 66, no 4, pp754 - 762

Sainsbury, K. J. , Punt, A. E. and Smith, A. D. M. (2000) 'Design of operational management strategies for achieving fishery ecosystem objectives', *ICES Journal of Marine Science*, vol 57, no 3, pp731 - 741

Sala, E. , Aburto - Oropeza, O. , Paredes, G. , Parra, I. , Barrera, J. C. and Dayton, P. K. (2002) 'A general model for designing networks of marine reserves', *Science*, vol 298, no 5600, pp1991 - 1993

Schaefer, M. B. (1954) 'Some aspects of the dynamics of populations important to the management of the commercial marine fisheries', *Bulletin of the Inter - American Tropical Tuna Commission*, vol 1, pp27 - 56

Schnute, J. T. and Haigh, R. (2006) 'Reference points and management strategies: Lessons from quantum mechanics', *ICES Journal of Marine Science*, vol 63, no 1, pp4 - 11

Schnute, J. T. , Maunder, M. N. and Ianelli, J. N. (2007) 'Designing tools to evaluate fishery management strategies: Can the scientific community deliver?', *ICES Journal of Marine Science*, vol 64, no 6, pp1077 - 1084

Schwach, V. , Bailly, D. , Christensen, A. - S. , Delaney, A. E. , Degnbol, P. , van Densen, W. L. T. , Holm, P. , McLay, H. A. , Nielsen, K. N. , Pastoors, M. A. , Reeves, S. A. and Wilson, D. C. (2007) 'Policy and knowledge in fisheries management: A policy brief', *ICES Journal of Marine Science*, vol 64, no 4, pp798 - 803

Shelton, P. A. (2007) 'The weakening role of science in the management of groundfish off the east coast of Canada', *ICES Journal of Marine Science*, vol 64, no 4, pp723 - 729

Shelton, P. A. and Rivard, D. (2003) *Developing a Precautionary Approach to Fisheries Management in Canada - the Decade following the Cod Collapses*, NAFO Scientific Council Research Document 03. 1

Shepherd, J. (1991) 'Report of the special session on management under uncertainties', *NAFO Scientific Council Studies*, vol 16, pp59 - 77

Shin, Y. - J. and Shannon, L. J. (2010) 'Using indicators for evaluating, comparing and communicating the ecological status of exploited marine ecosystems: The IndiSeas project', *ICES Journal of Marine Science*, vol 67, no 4, pp686 - 691

Shin, Y. - J. , Rochet, M. - J. , Jennings, S. , Field, J. G. and Gislason, H. (2005) 'Using sizebased indicators to evaluate the ecosystem effects of fi shing', *ICES Journal of Marine Science*, vol 62, no 3, pp384 – 396

Shin, Y. – J., Shannon, L. J., Bundy, A., Coll, M., Aydin, K., Bez, N., Blanchard, J. L., Borges, M. D. F., Diallo, I., Diaz, E., Heymans, J. J., Hill, L., Johannesen, E., Jouffre, D., Kifani, S., Labrosse, P., Link, J. S., Mackintosh, S., Masski, H., Moomann, C., Neira, S., Ojaveer, H., Abdallahi, K. O. M., Perry, I., Thiao, D., Yemane, D. and Cury, P. M. (2010a) 'Using indicators for evaluating, comparing, and communicating the ecological status of exploited marine ecosystems: Setting the scene', *ICES Journal of Marine Science*, vol 67, no 4, pp692 – 716

Shin, Y. – J., Bundy, A., Shannon, L. J., Simier, M., Coll, M., Fulton, E. A., Link, J. S., Jouff re, D., Ojaveer, H., Mackintosh, S., Heymans, J. J. and Raid, T. (2010b) 'Can simple be useful and reliable? Using ecological indicators to represent and compare the states of marine ecosystems', *ICES Journal of Marine Science*, vol 67, no 4, pp717 – 731

Smith A. D. M., Fulton, E. J., Hobday, A. J., Smith, D. C. and Shoulder, P. (2007) 'Scientific tools to support the practical implementation of ecosystem – based fisheries management', *ICES Journal of Marine Science*, vol 64, no 4, pp633 – 639

Smith, A. D. M., Sainsbury, K. J. and Stevens, R. A. (1999) 'Implementing effective fisheries – management systems: Management strategy evaluation and the Australian partnership approach', *ICES Journal of Marine Science*, vol 56, no 6, pp967 – 979

Smith, S. J., Hunt, J. J. and Rivard, D. (eds) (1993) *Risk Evaluation and Biological Reference Points for Fisheries Management*, Canadian Special Publication of Fisheries and Aquatic Sciences

Stanbury, K. B. and Starr, R. M. (1999) 'Applications of geographic information systems (GIS) to habitat assessment and marine resource management', *Oceanologica Acta*, vol 22, no 6, pp699 – 703

Stefansson, G. (2003) 'Multi – species and ecosystem models in a management context', in M. Sinclair and G. Valdimarsson (eds) *Responsible Fisheries in the Marine Ecosystem*, FAO and CABI Publishing, Wallingford, Oxford, pp171 – 188

Stefansson, G. and Rosenberg, A. A. (2006) 'Designing marine protected areas for migrating fish stocks', *Journal of Fish Biology*, vol 69, pp66 – 78

Stelzenmüller, V., Rogers, S. I. and Mills, C. M. (2008) 'Spatio – temporal patterns of fishing pressure on UK marine landscapes, and their implications for spatial planning and management', *ICES Journal of Marine Science*, vol 65, no 6, pp1081 – 1091

Stenseth, N. C. and Rouyer, T. (2008) 'Destabilized fish stocks', *Nature*, vol 452, no 7189, pp825 – 826

Stergiou, K., Christou, E. D., Georgopolilos, D., Zenetos, A. and Souvermezoglou, C. (1997) 'The Hellenic seas: Physics, chemistry, biology and fisheries', *Oceanography and Marine Biology: An Annual Review*, vol 35, pp415 – 538

Stokes, K., Butterworth, D. S., Stephenson, R. L. and Payne, A. I. L. (1999) 'Confronting uncertainty in the evaluation and implementation of fisheries – management systems: Introduction', *ICES Journal of Marine Science*, vol 56, no 6, pp795 – 796

Su, Y. (2000) 'A user – friendly marine GIS for multi – dimensional visualization', in D. Wright and D. Bartlett (eds) *Marine and Coastal Geographic Information Systems*, Taylor & Francis, London

Symes, D. (2007) 'Fisheries management and institutional reform: A European perspective', *ICES Journal of Marine Science*, vol 64, no 4, pp779 – 785

Triantafyllou, G., Petihakis, G. and Allen, I. J. (2003) 'Assessing the performance of the Cretan Sea ecosystem model with the use of high frequency M3A buoy data set', *Annales Geophysicae*, vol 21, pp365 – 375

Tusseau, M. H., Lancelot, C., Martin, J. – M. and Tassin, B. (1997) '1D coupled physicalbiological model of the north – western Mediterranean Sea', *Deep – Sea Research II*, vol 44, pp851 – 880

Tyldesley, D. (2006) 'A vision for marine spatial planning', *Ecos*, vol 27, pp33 – 39 UNEP and IOC/ UNESCO (United Nations Environment Programme and Intergovernmental Oceanographic Commission/United Nations Educational, Scientific and Cultural Organization) (2009) *An Assessment of Assessments, Findings of the Group of Experts: Start – up Phase of a Regular Process for Global Reporting and Assessment of the State of the Marine Environment Including Socio – economic Aspects*, UNEP and IOC – UNESCO, Progress Press Ltd, Valetta, Malta

UNESCO (2006) A *Handbook for Measuring the Progress and Outcomes of Integrated Coastal and Ocean Management*, Intergovernmental Oceanographic Commission Manuals and Guides 46, ICAM Dossier 2, Paris

Valavanis, V. D. (2002) *Geographic Information Systems in Oceanography and Fisheries*, Taylor & Francis, London

Valavanis, V. D., Georgakarakos, S., Koutsoubas, D., Arvanitidis, C. and Haralabous, J. (2002) 'Development of a marine information system for cephalopod fisheries in eastern Mediterranean', *Bulletin of Marine Science*, vol 71, no 2, pp867 – 882

Van Houtan, K. and Pauly, D. (2007) 'Snapshot: Ghost of destruction', *Nature*, vol 447, pp123 – 124

Varma, H. (2000) 'Applying spatio – temporal concepts to correlative data analysis', in D. Wright and D. Bartlett (eds) *Marine and Coastal Geographic Information Systems*, Taylor & Francis, London

Walters, C. and Maguire, J. – J. (1996) 'Lessons for stock assessment from the northern cod collapse', *Reviews in Fish Biology and Fisheries*, vol 6, no 2, pp125 – 137

Walters, C., Pauly. D. and Christensen, V. (1999) 'Ecospace: Prediction of mesoscale spatial patterns in trophic relationships of exploited ecosystems, with emphasis on the impacts of marine protected areas', *Ecosystems*, vol 2, no 6, pp539 – 554

Watson, R., Alder, J. and Walters, C. (2000) 'A dynamic mass – balance model for marine protected areas', *Fish and Fisheries*, vol 1, no1, pp94 – 98

第6章　海洋规划与管理的生态系统方法——未来展望

苏·基德（*Sue Kidd*），安德鲁·*J*. 普莱特（*Andrew J. Plater*），
克里斯·弗里德（*Chris Frid*）

本章旨在：

- 总结上述章节的主要研究结果；
- 探讨在系列研讨会上得出的与自然科学、社会科学及政策与管理愿景相关的结论；
- 明确今后研究的优先领域，以便在海洋规划与管理中更有效实施环境评价。

6.0　前言

　　自然科学家、社会科学家及政策与实践团体共同组织了系列研讨会。本章内容总结了研讨会上得出的将生态系统方法（EA）应用于海洋规划与管理过程中的经验教训。在系列研讨会召开的过程中，世界发生了改变：新科学进一步揭示了海洋生态系统遭受威胁的规模尺度的信息；新的国际协议获得签署；以气候变化为主题的哥本哈根会议未能解决二氧化碳排放问题，导致海洋进一步变暖和酸化；包括英国《海洋与海岸带准入法》（2009）在内的新立法措施得到采纳，该法包含了制定海洋空间规划框架和选划海洋保护区网络的内容。有人认为这种改变会影响本章观点的传播，但在很多方面却正好相反，这种改变恰说明了影响海洋环境规划与管理成效的因素的复杂性以及生态系统方法所预期的整体和跨学科响应的必要性，这些响应正是本章要讨论的核心。本章主要总结前面五章的研究成果和系列研讨会的主要结论，并加以展望。

6.1　以生态系统方法为指导管理人与自然环境的关系

　　贯穿本章的中心主题是人类社会与占地球表面71%的海洋之间的密切关系。自史前时代以来，海洋环境就被视作食物和资源的重要来源以及废物处置的途径（Desse and Desse – Berset, 1993; Jackson, 2001; Jackson et al., 2001）。现如今，诸如交通运输、开采矿产、铺设管道和电缆、安装近海风能设施等现代海洋开发利用方式，已大大扩展了人类活动的范围和足迹。展望未来，日益增长的全球人口（预计将从2010年的60亿增长到2050年的巅峰，即90亿），以及各国应对气候变化的努力、科技水平的不断进步，将不断强化人类与海洋的关系以及对海洋所提供的生态系统服务的依赖。众所周知，这种关系很复杂，而且为了提升人类福祉，人类活动已经损害了地球上所有生命赖以生存的海洋环境的生态完整性。《千年生态系统评估（MEA）》指出，海洋和海岸带生态系统受到了不可持续的开发利用，其衰退速度远远高于其他生态系统，这一描述揭示了上述情形所显现出的巨大挑战（UNEP，2006）。本章将展示世界各地出现的更为一致和有效海洋规划与管理措施。

生态系统方法是指导这种活动的总体范式。在20世纪70年代以前，执行《联合国生物多样性公约》（CBD）的工作对于夯实生态系统方法理论基础发挥了重要作用。这里要特别指出的是，一系列指导原则和实践性引导的发展，明确了人类是生态系统的重要组成部分，人类活动是规划与管理活动的核心和焦点。根据这一出发点，生态系统方法为构建海洋规划与管理措施提供了十分有用的概念框架。这突出强调了人类社会的作用，包括决策过程中所有相关部门的不断参与以及开展规划与管理活动的经济背景。这也同样显示了在制定海洋规划与管理制度和措施时，应重视生态系统功能的复杂性。这需要识别生态系统之间的相互作用；关注生态系统的结构和功能；认识不断变化的时间尺度和时滞效应；或许更为重要的是，若想取得进展，必须识别必然发生的变化、不够全面的认知，对规划和管理采取适应性方法。

生态系统方法的整体性、跨学科交叉的特点具有明显的优势，但该方法并非无所不能，而且，认为生态系统方法的应用简单的想法是错误的。生态系统方法的实践者们包括不同的利益相关者以及对需求、目标、实施持不同意见的决策与政策制定者。第5章通过探讨渔业管理中的生态系统方法与基于生态系统的渔业管理之间的区别说明了这一点。然而从决策和明确管理目标的角度看，这两种观点的差别在于，基于生态系统的管理优先考虑生态系统的需求，而生态系统方法强调目标是社会选择属性，事实上这一趋势使得政策向更加有效地适应生态系统的影响转变（见第3章）。尽管后一种方法似乎违背了预警原则，但支持生态系统方法的一条关键理由就是，如果缺乏广泛的社会参与，那么为了保护生态系统健康而强制控制人类活动的做法是有问题的。支持这一说法的其他理由详见第2章。然而，应用生态系统方法所面临的困难并不限于此。生态系统在时空尺度上的连通性的嵌套也使得规划与管理的范围同生态系统方法的范围的一致性出现问题。例如，海洋保护区（MPA）的最佳设计必须综合考虑诸多因素和不同大小的生物个体。此外还必须考虑从地方到国际复杂的社会和经济因素，这也会影响对指定区域的开发利用——当然，这种影响可能需要几年甚至若干年才能显现。除上述技术因素外，怀疑传统学科、领域和知识的人相信生态系统方法没有提出任何新观点，认为它只不过一时流行罢了，通过科学或经济方法制定决策以及开展研究、监测或新发现才是至关重要的。

在了解包括《联合国海洋法公约》（UNCLOS）在内国际与国内法律和政策后，就不难理解为什么要仔细研究和了解生态系统方法的内涵以及如何将其落到实处了。第 1 章叙述的系列研讨会强调了值得进一步关注的"三大关键"。

第一个关键与生态系统方法所涉及的人类方面有关。本文认为生态系统方法的专业术语存在太多不同的解释。严格来说，没有必要将人类社会置于规划与管理工作的核心部分，因为我们甚至无法管理范围更大，也更为复杂的海洋生态系统。为了避免不必要的困扰，此处不再讨论专业术语的变化问题。现在有必要对自然科学家、环境管理者和一般社区开展深入的生态系统方法培训，因为这一概念不仅与自然环境有关，还与人类规划的所有领域相关。对从事海洋规划与管理的人而言，一条关键的要旨就是，参与决策过程的社会领域所有部门都需要积极参与。

第二个值得深思熟虑的关键与支撑决策制定所需要的信息有关。获得与海洋自然和人文属性有关的高质量的定性和定量数据至关重要，然而与陆地相比，海洋环境信息非常有限，高质量的数据严重不足。除此之外，还需要对数据进行转换和解译，因为决策者需要尽可能清楚地了解不同措施的经济、社会和环境损益。这就需要了解时空动态以及海洋生态系统的结构和功能，这也是目前研究的重点领域以及需要不断提供资金支持的领域。然而，海洋生态系统（当然还有其他系统）的内在复杂性和不确定性事实上意味着决策不得不在缺少足够认知的情况下实施。旨在推进规划与管理的适应性生态系统方法在缺少优质数据集或模型的情况下是有所助益的。

其三，第 1 章指出应将对海洋规划与管理的认知与对大尺度事件的关注联系起来。这包括统筹海洋规划和陆地规划，因为后者在确定人类对海洋的压力方面至关重要。就这一方面而言，使用生态系统方法进行海洋规划与管理对探讨人类未来发展轨迹时发挥重要作用，并对流行的观点——受生态现代化影响，经济增长而有所减缓提供了新的视角。到目前为止，这些讨论受到陆地因素的影响，而陆地因素往往忽略了经济持续增长和人口规模对海洋——地球上最大、最重要的生态系统的影响和潜在后果。站在海洋视角或许会得到另一种结论。

6.2 揭示生态系统方法中的人文观念：与陆地空间规划相衔接

令人难以置信的是，陆地活动可能会处于不受控制的状态，因此每个国家在发展过程中通过陆地规划系统研究出了一些控制方法。随着海洋环境受到的压力与日俱增，在研究海洋规划与管理的人文观念时，将陆地空间规划考虑在内或许大有裨益（见第2章），这似乎是合乎常理的。值得欣慰的是，已有证据表明，海洋规划与管理事实上已经开始充分借鉴陆地规划经验，特别是空间规划典型范例。然而在缺乏对陆地和海洋环境差异必要认知，以及对空间规划发展历程和概念混淆的情况下，通过照搬或过度简化的方式应用这种方法可能存在一定的风险。

考虑到海洋规划的优势之处，就详细阐明生态系统方法的人文观念而言，陆地规划实践显示了针对规划活动目标和过程的观点是如何发展的，也表明了生态系统方法第一条原则的重要性，该原则指出，海洋规划与管理的目标事关社会选择，不是毫无意义的。这说明，为争取公众在某种程度上对规划与管理属性开展积极的讨论和研究。陆地规划实践强调了社会各领域（包括科学团体）参与的重要性，并指出参与过程影响海洋规划与管理团队及决策过程。在不同历史阶段，陆地规划者曾被视为是设计师、科学家，通过被广泛接受的、能够整合所有意见的空间规划范例，他们也曾被视为不同意见的交流者、传播者。对于新兴的海洋规划与管理，这提出了如何培训的问题。这条思路也显示了生态系统方法第11条原则的意义，该原则鼓励在决策制定过程中充分考虑科学知识及常识。或许需要强调的是生态系统方法第9条原则，该原则指出变化是不可避免的，变化不仅与人类相关，而且与海洋生态系统的自然属性有关。有意思的是，这凸显出除简单描绘人类利用海洋方式的变化外，还要考虑影响变化的文化、法律、管理、政治、社会和经济模式与实践活动。在本章中，海洋规划需要对可能发生的预期变化给予应有的关注，并在与生态系统方法第6条原则相符的情况下，制定规划和长期目标。此外，更重要的是要认识到海洋空间规划（类似陆地规划）不仅需要识别和描述变化因子并将其应用于决策制定过程中，而且还需要重视创造性。在21世纪前10年，随着全球人口增长，科学和幻想以及影响生态系统方法的人类因素将被用于探索新的海洋可持续发展模式。

6.3 统筹陆地和海洋规划与管理事务

在阐述人类与海洋之间的平衡关系时，不能低估其中的困难，第3章的欧洲实践部分已经探讨了与陆地和海洋事务相关因素的复杂性。例如，海洋生物资源的过度开发利用导致欧洲海洋生态系统持续退化，尽管《欧盟共同渔业政策（CFP）2002—2012》规定了用以平衡经济、社会和环境因素的重要机制，但也没能遏止这种衰退。尽管如此，《欧盟共同渔业政策（CFP）2002—2012》正在为2012年之后的一段时期制定新的基本方法，该方法旨在为欧洲海域创建更美好的愿景。欧洲相关环境政策（如《海洋战略指令》）的强化和发展以及以荷兰、德国和英国等参与的海洋空间规划行动和立法活动也支持了这种观点。

同样的，旨在加强和整合欧盟的制度和管理方法的《马斯特里赫特条约》（1993）、《尼斯条约》（2001）、《里斯本条约》（2009）也支持了综合性的生态系统方法。然而这阻碍了一体化进程，而这种一体化对于将现行的货币联盟转变为一种稳定的安排而言是必需的，在转变过程中，环境因素与经济因素处于同等重要的位置。尽管《里斯本战略》和《哥德堡战略》为欧盟向环境友好型发展的长期目标迈出了重要的第一步，但仍然要强调全球共同面临经济增长、就业和生态现代化问题。欧盟当前严重的经济衰退至少短期内不会对此产生影响。有意思的是，旨在进一步推进欧洲海洋规划和管理一体化的主要行动基本上都不属于欧盟"核心区"，在这些地区，人类对海洋造成的压力要远远大于公海。在这些海域，综合运用陆地和海洋规划的方法是最为有效的。

6.4　生态系统产品和服务

说到生态系统方法面临的信息考验，第4章指出，生态系统产品和服务的概念使得海洋生态系统对非专业人士而言是非常形象的。这一概念为不同学科、部门和利益相关者之间的知识交流和共享提供了强有力的跨学科框架，因为他们拥有不同的学识以及难以在决策制定过程中轻易表达的想法、关注焦点和价值标准。健康、功能完整的海洋生态系统不仅提供了能够支撑经济社会稳定发展产品和服务，而且对于调控气候和大气循环中的关键要素、环境中的营养成分和污染物方面发挥着作用，而且提高了抵抗极端事件（洪涝、干旱）的能力，这些功能为决策过程中以生态系统方法为核心的一体化海洋规划和管理提供了基本依据。保障持续提供生态系统产品和服务也许可成为一个共同的总目标，例如，通过持续的渔业资源供给提供食物和肥料、药物、娱乐等。无论背景或经历，所有利益相关者都理解和阐述这个目标并为之努力，这是健康、功能完整的生态系统的基本要求。

生态系统方法肯定了认识生态系统及其结构和功能等的重要性，该方法提供的规划框架也不会遇到诸如"数据不充分"或"不了解系统的复杂性"这样的问题。科研人员将通过进一步研究和探讨来认识模型构成，通过采集的数据来获得趋势、分布并验证模型。这种"更深入的了解"并不一定会使海洋规划和管理更为行之有效——尽管这可能占用了所有可用的预算和资源！关注生态系统"提供"的产品和服务以及避免使生态系统处于人类控制之下，超出了人们全面了解生态系统的需要。实际上，人们已经足够了解生态系统结构各部分间的相互关系和功能，因此，管理行动应致力于阻止生态系统服务的进一步衰退，改善其状况或促进其恢复。生态系统方法关于产品和服务的概念也为我们提供了以下内容：不管认识是多么的匮乏，现在我们都必须采取行动，否则我们将失去或者至少是目睹生态系统产品和服务的严重衰退（例如，大海洋生态系的崩溃，物种灭绝，饵料短缺或水质恶化）；规划和管理的目标是要确保这些产品和服务在决策中被优先考虑并因此而得以维持；管理行动具备预警和适应性的特征，换句话说，管理机制跟踪和评估管理的方法能产生预期效果么，还是会出现不良后果？

更容易引起争议的是规划过程中生态系统产品和服务的评价机制。《千年生态系统评估（MEA）》框架阐述了人类健康和福祉以及经济可持续发展与占有重要地位的生态系统服务之间的密切关系。不同学科、团体和利益相关者对生态系统服务有不同的价值理解，并因此而产生了不同的优先排序。如何将这些各异的观点和价值标准整合到决策的综合规划框架中呢？经济评估技术及其在海洋生态系统产品和服务价值评估中的应用就是方法之一，该方法已经对海洋生态系统不同要素确定了统一标准并评估其影响。科斯坦萨等人（Costanza et al.，1997）评估出海洋生态系统对全球经济的贡献值约为每年 210 亿美元。

公共政策某些领域已经考虑将经济评估作为一种关键机制用于确定不同管理政策的相对成本和收益，该技术还可用于计算生态系统产品和服务的货币价值。如果单位渔获物的价格是确定的，那么只要计算渔获物的数量，无论是传统捕捞业还是大规模工厂化养殖抑或是用于维持生计的渔业，就能确定其经济价值。这一原理可直接应用于其他生态系统的"供给"服务和"调控"服务，如洪灾造成的经济损失，饮用水损失的经济价值，或是温度和降雨量变化的经济价值。然而生态系统的"支持"服务和"文化"服务是无形的，难以评估其经济价值。的确如此，很多论据都强调了这种评价是难以实现的。将美学或精神享受折合成经济价值有利于增加总经济价值，但可能会被其他因素所掩盖。因此，倡导将海洋生态系统服务作为跨学科知识交流的方法，不一定要以这些服务的经济价值评估作为决策的基础。

6.5　数据和模型方法以及科学在生态系统方法中发挥的作用

考虑到将生态系统方法用于海洋环境管理（第 5 章）的数据、模型和工具，我们能从渔业管理的原则和实际措施中学到很多经验教训。学者们已经针对捕捞对海洋环境产生的影响的指标开展了大量研究，并由此提出了跟踪或评估管理机制成功与否的实践方法。具有悠久历史的监测和使用专门的监测数据获取信息是确定管理评估工具的指标效果的基础。确定指标的基本原则与海洋空间规划的指标原则完全相同（Ehler and Douvere，2009）。关键问题之一是难以通过衡量管理机制或具体行动成败的指标来评估生态系统。然而，指标不能完全表征生态系统的动力学与功能、反馈与联结、缓冲、敏感度等关键内容。这难道不是一个很重要的问题吗？毫无疑问，生态学家和保护团体肯定是这么认为的，特别是如果他们认为了解生态系统的状况、相互关系、功能、恢复力和应激性是决定管理目标的核心内容。强调生态系统的产品和服务能否回避这一问题呢？也许不能。因为用于跟踪评估管理机制成功与否的指标和度量标准——也就是说，平均长度和寿命、营养级等与生态系统动力学或功能并不直接相关。针对跟踪评估过程的方法有很多（数据、监测网、针对管理方案和措施的模型和方法、封闭区域等等），但这些方法能否反映管理目标尚存争议。如果不能，那么就起不到任何作用。

生态系统模型仍处于发展的早期阶段，特别是应用于复杂的生态系统模型，这样的意图通过内在动力或外部压力而预测变化。因此，这些模型可用于识别因气候、环境或人类活动引起变化的趋势。由于模型的科学视角（换句话说，与政策目标无关）和不易理解性（难以被非专业人士理解）以及许多模型不包括社会 – 经济数据，利益相关者和决策制定者对生态系统模型往往持谨慎态度。因此，有必要通过对话和交流的方式提高利益相关者对结果的信任和对数据的理解。

由于对生态系统的了解（如交错的稳定状态）不够全面，因此管理应具有预警和适应性特征这一被广泛认可的观点就是一条重要原则。如果要立即采取行动来防止那些威胁生态系统重要产品和服务抑或导致重要生态系统衰退的变化，那么使用恰当的指标和度量标准是至关重要的。考虑到①自然生态系统的可变性和②气候变化导致的动态基线也要用数据表达，那么落实预警原则更是难上加难。生态系统内在动力和外部压力（气候变化、海洋酸化、近岸海域富营养化）都可以使用模型进行预测，充分了解二者可能产生的后果为强化适应性管理提供了依据。但实事求是地讲，能否获得资源和执行力来开展适应性管理所需的监测？毫无疑问，这种情况在全球海洋各不相同。所有参与海洋环境管理的人员需要基于"实验方法"来理解适应性管理的概念，借助最佳理解方式定期调整监测政策。

就我们从渔业管理中学到的东西而言，有两个方面是海洋规划与管理需要重视的。第一个方面是应用现行惯例，因为这些惯例是经过反复论证而发展起来的，提供了包含可供选择的、以评估所需的凭证和健全的机制为基础的管理措施。这需要运用多层数据处理和可视化技术以及包含渔民行为和社会经济内容的生态系统模型。这些技术已应用到辅助决策和界定备选的管理机制，因此，有待整合更多的部门意见和政策需求，得到进一步发展。第二个方面是沟通和知识交流，特别是在与数据库的不确定性、数据响应的类型和时机以及进程的政治化相关的方面（Rice，2005）。如前面章节所述，决策过程中存在短期的社会和经济考量以及长期的生态优先性，对过去和当前实践活动的广泛关注说明明确的需求、意愿和既定的方法是必需的，以此确保生态群落表征其优先管理目标的固有成本以及如何协同运用社会学和经济学来制定策略应对这些成本。在我们考量综合海洋规划与管理内容的潜在范畴时，这一点尤为重要。

6.6 研讨会的结论

6.6.1 总体结论

海洋规划与管理中的生态系统方法已经纳入到国际法规和政策之中。人们做了许多工作来详细说明开展生态系统方法需要做的工作，对该方法的认识也进一步深化。今后我们应该将关注的焦点从生态系统方法的概念转向对该方法的应用。

6.6.2 与自然科学相关的结论

我们对海洋生态系统动力学尚未完全了解，必须接受通过不够全面的数据获得进展的事实，还要认识到专家判断对海洋规划与管理活动是必须的。生态系统方法通过不断开展监测的适应性管理获取信息，以知识、数据和模型为基础，这对海洋生态系统而言非常重要。

海洋规划与管理的方法和模型的实践工作有助于拓展知识面、弥补知识欠缺以及增进了解和获取数据。

生态系统服务的概念就促进不同学科间共享知识，降低不同知识对行动和进程的阻碍而言行之有效。这一概念将生态系统视作是人类健康、福祉和经济可持续发展的基础，因此，不能仅从人类利益出发，将生态系统视为产品和服务等的提供者。

自然科学家需要有明确的海洋规划与管理的中长期目标来指导其工作。但目前还缺少对这些目标的确切定义和详细说明。生态系统方法强调，中长期目标对社会选择非常重要，但这需要通过与自然科学家交流获取信息。

在应用生态系统方法过程中，需要提高自然科学家的能力。目前许多科学家主要通过获取和解释监测数据来使用该方法，这依赖生态系统科学已有和最新的研究进展，或者限于渔业管理惯例的约束。这些科学家面临的挑战很容易被低估，特别是在政策制定、新技术以及海洋空间规划领域对大量行业信息的需求。

6.6.3 与社会科学相关的结论

有必要从社会、人文角度更好地了解海洋生态系统，这是受到规划与管理活动影响的重要领域。

必须认识到不能简单地将社会、人文角度等同于经济学（例如，生态系统产品和服务的经济评估）。

生态系统方法强调利益相关者、社区和政治体系广泛参与的重要性，但是在很多情况下，利益相关者与海洋之间的关系是间接的，而且对"海洋区域"① 的理解不够深入。除此之外，还必须认识到对生态系统长期的考量要优先于短期的经济考量。这一认知缺陷必须得到弥补，以此来促进更有意义的政策对话和明确才中长期目标。

层次排列法是根据地区层面的利益相关者来确定更高层面暨国家目标，这种用于确定目标的方法似乎是可取的，也符合自然科学认知。但必须认识到，支撑目标的所有标准将随着时空尺度的变化而不断变化，也因个人或部门视角不同而存在差异，因此动态的信息交流和讨论机制是非常重要的。

在制定中长期目标的过程中，开展更多的界限观测工作将大有裨益，这种工作能认识到海洋环境比陆地环境更像一张空白画布，而且对改进方法而言这或许是个机会。在这种情况下，食品和能源安全以及低碳发展将成为未来政策制定的驱动因子。

6.6.4 与政策、管理相关的结论

我们绝对不能低估在实现更为综合的海洋规划与管理过程中所面临的困难。对此，必须适应重要的文化。整合部门、各级政府以及陆域和海域的成熟政策方法应当成为应用于海洋的生态系统方法的重点；但是对大多数海洋生态系统而言，"粮仓效应"② 仍然是主要的障碍。尽管如此，有证据表明，结构性的变化是缓慢的。

将生态系统方法应用于海洋规划与管理的另一关键问题是世界各国在认知、能力和进展方面存在差异。已经应用生态系统方法的国家间以及这些国家不同部门间存在明显的空间变动。有些国家引领着生态系统方法的发展，如加拿大的渔业管理，有些国家仅仅将监测作为一项法定要求。对于那些必须符合国际要求但资源或能力有限的国家，或者处于全力满足政策要求阶段的准欧盟国家而言，这是个重要问题。因此，能力和资源、建立认知和知识共享、根据适当的标准获取数据并适时采取行动是应用生态系统方法面临的重要挑战。

以可持续的资源管理为基础的海洋规划与管理活动的出发点与早先建立的陆域规划机制截然不同，由于到目前为止，陆域规划机制更趋于关注经济和社会因素而非环境因素，因此，在陆海间综合规划与管理活动中认识到这一点是大有裨益的。

海洋规划与管理决策制定中政治责任需要得到进一步关注和发展。

---

① 海洋空间管理理论认为：地点或区域是以生态系统为基础的管理的基础，强调地点管理是这种海洋空间管理的关键特征之一，其中重点在于具体的生态系统以及各种活动的影响范围，从而告别了只关注单个物种、行业部门、活动或关注点的现行管理方法。本译文为行文更为切题，在适当的地方把地点直接翻译为海域或区域——译注。

② 自2010年以来，"silo effect"一词出现于商业管理领域，指组织机构内部缺少沟通交流和共同的目标——译注。

6.6.5 今后优先研究领域

海洋环境管理被认为是今后研究的关键而交叉的议题。必要的科学研究领域包括：海域和海陆交界区关于部门、陆域和组织机构整合问题；合作工作的方式；调整文化以适应基于生态系统方法的海洋规划与管理活动。

更好地了解如何将适应性规划与管理方法应用于海洋是今后工作的又一个关键，特别是在跟踪和评估管理目标过程中如何应用和发展生态系统指标。在这种情况下，必须不断及时总结最新实践经验。此处的关键问题包括比较目标、内容和过程，如确定边界，规划与管理的时间范围，安排监测和检查，如何评估那些为防止因气候引起环境改变从而出现动态基线的管理政策的有效性。

规划与管理活动需要良好的数据支撑，但是对海洋环境而言，数据的可获得性、兼容性和实用性是主要问题。需要进一步开展的工作包括：更深入了解决策制定所需的关键的环境、社会和经济数据；开发与生态系统效能和动力学相关的指标；如何发挥定性和定量数据以及不同知识源的最大效能；要考虑到不同数据集可能存在变动的频率、分辨率和尺度；数据管理条款或许能改善海洋管理不同级别间的连通性。还可以增强对有关模型和工具进一步发展情况的认识。

深入研究海洋规划与管理目标的定义也是大有裨益的，包括界限观测工作以及与生态系统良好状态这一概念相关的问题的探索工作。

利益相关者和政治家以创新的方式提出更加完善的"海洋区域"并采取更长期的可持续观点将有助于确定新的海洋规划与管理职责。进一步拓展虚拟现实技术及其他教育和业务方法的潜力也是大有裨益的。

根据上文所述，有必要进一步开展跨学科和学科间的行动计划，以此强化生态系统方法在海洋环境的运用。要不断综合自然和社会科学学者，海洋规划与管理技术人员，以及包括经济学家、分析风险和不确定性的统计学家、历史学家、艺术家和作家、人类学家和心理学家在内的专业人士，因为他们的观点对于获取未来发展所需的信息非常重要。例如，国际渔业管理已有100多年的历史。其间，渔业在自然科学和社会科学方面有所发展，但直到后几十年才出现辩论和统一的意见。

首个国际协定签署至今已经110年，渔业管理正在将生态系统中鱼类种群的作用、生态系统对鱼类种群的影响以及社会和经济结构的重要性纳入考虑范畴。期望上个世纪渔业管理发展的惨痛教训以及陆地规划进程中类似的教训，能够给新时期海洋规划与管理过程中生态系统方法的发展敲响警钟。

参考文献

Costanza, R., d'Arge, R., de Groot, R., Farber, S., Grasso, M., Hannon, B., Limburg, K., Naeem,

S. , O' Neill, R. V. , Paruelo, J. , Raskin, R. G. , Sutton, P. and van den Belt, M. (1997) 'The value of the world' s ecosystem services and natural capital', *Nature*, vol 387, pp253 – 260

Desse, J. and Desse – Berset, N. (1993) 'Pè che et en Mèditerranèe: Le temoinage des os,' in J. Desse and F. Audoin – Rouzeau (eds) *Exploration des Animaux Sauvages à Travers le Temps*, Editions APDCA, Juan – les – Pins, pp327 – 339

Ehler, C. and Douvere, F. (2009) *Marine Spatial Planning: A Step – by – step Approach Toward Ecosystem – based Management*, Intergovernmental Oceanographic Commission and Man and the Biosphere Programme, IOC Manual and Guides No 53, ICAM Dossier No 6, UNESCO, Paris

Jackson, J. B. C. (2001) 'What was natural in the coastal oceans?', *Proceedings of the National Academy of Sciences of the United States of America*, vol 98, pp5411 – 5418

Jackson, J. B. C. , Kirby, M. X. , Berger, W. H. , Bjorndal, K. A. , Botsford, L. W. , Bourque, B. J. , Bradbury, R. H. , Cooke, R. , Erlandson, J. , Estes, J. A. , Hughes, T. P. , Kidwell, S. , Lange, C. B. , Lenihan, H. S. , Pandolfi, J. M. , Peterson, C. H. , Steneck, R. S. , Tegner, M. J. and Warner, R. R. (2001) 'Historical overfishing and the recent collapse of coastal economy', *Science*, vol 293, pp629 – 638

Rice, J. C. (2005) 'Every which way but up: The sad story of Atlantic groundfish, featuring Northern Cod and North Sea Cod', *Bulletin of Marine Science*, vol 78, no 3, pp429 – 465

UNEP (United Nations Environment Programme) (2006) *Marine and Coastal Ecosystems and Human Wellbeing: A Synthesis Report Based on the Findings of the Millennium Ecosystem Assessment*, UNEP, Nairobi, 76p